人力资源和社会保障部规划教材

U0309649

AutoCAD建筑设计与绘图

（第二版）

主　编　张　燕　石亚勇

副主编　阚玉萍　张雪雯　黄玲玲

　　　　陈桂凤　陶玉鹏

主　审　张　军

南京大学出版社

图书在版编目(CIP)数据

AutoCAD 建筑设计与绘图/张燕,石亚勇主编. —2版. —南京:南京大学出版社,2021.6(2023.8 重印)
ISBN 978-7-305-24189-5

Ⅰ. ①A… Ⅱ. ①张… ②石… Ⅲ. ①建筑制图—计算机辅助设计—AutoCAD 软件—教材 Ⅳ. ①TU204

中国版本图书馆 CIP 数据核字(2021)第 023491 号

出版发行 南京大学出版社
社　　址　南京市汉口路 22 号　　　　邮编　210093
出 版 人　王文军

书　　名　**AutoCAD 建筑设计与绘图**
主　　编　张　燕　石亚勇
责任编辑　朱彦霖　　　　　　　　编辑热线　025 - 83597482

照　　排　南京开卷文化传媒有限公司
印　　刷　南京人文印务有限公司
开　　本　787×1092　1/16　印张 14.75　字数 393 千
版　　次　2021 年 6 月第 2 版　2023 年 8 月第 3 次印刷
ISBN　978-7-305-24189-5
定　　价　42.00 元

网　　址:http://www.njupco.com
官方微博:http://weibo.com/njupco
官方微信号:NJUyuexue
销售咨询热线:(025)83594756

第二版前言

《AutoCAD建筑设计与绘图》是建筑类专业必修的一门专业基础课,也是一门操作性很强的课程,本书将传统建筑制图与现代绘图软件AutoCAD相结合,代替传统的图板、图纸等工具,使学生能够轻松地学习和掌握建筑设计与绘图技术,并达到独立绘制工程的目的。

AutoCAD绘图具有很强的实践性特点。在本教材的学习中,以工作任务为驱动,通过案例式教学,学生可以掌握AutoCAD绘图的基本方法和步骤;掌握AutoCAD中文版的基本操作和相关技巧;结合建筑设计有关的基本知识、基本原理及行业设计规范,准确熟练的绘制建筑平、立、剖面图以及详图;掌握简单三维图形的绘制过程;简单了解天正建筑软件和PKPM结构软件的基本知识和使用过程。

本书共分9章,各章节具体内容如下:

第1章,关于AutoCAD,主要介绍AutoCAD的基础知识。

第2章,简单图形的绘制,主要通过简单图形的绘制,掌握绘图和修改命令。

第3章,平面图的绘制,主要通过运用AutoCAD命令与编辑功能绘制建筑工程平面图,了解建筑工程平面图的绘图步骤。

第4章,立面图的绘制,主要通过运用AutoCAD命令与编辑功能绘制建筑工程立面图,了解建筑工程立面图的绘图步骤。

第5章,剖面图的绘制,主要通过运用AutoCAD命令与编辑功能绘制建筑工程剖面图,了解建筑工程剖面图的绘图步骤。

第6章,尺寸标注与文字标注,主要介绍尺寸标注与文字标注样式设定的步骤,线性标注、连续标注、基线标注等常用标注的使用方法。

第7章,共享设计资源以及图形打印输出,主要介绍使用AutoCAD提供的共享资源设计辅助工具,掌握从模型空间与图纸空间打印图形的方法。

第8章,三维实体模型的绘制,主要介绍AutoCAD的基本三维绘图功能,三维绘图的方法和技巧。

第9章,天正建筑软件和PKPM结构软件简介,主要介绍天正建筑软件,了解其相关命令操作以及绘图步骤,熟悉PKPM结构软件,了解其相关命令操作以及绘图步骤。

　　本书注重教学的实践性和学生的主体性,以具体图形的绘制为载体,真实体现职业情景,依照职业工作过程展开教学。通过 AutoCAD 绘图的教学使学生熟练地掌握基本作图命令的同时,为使学生在发现、分析、研究、解决工程设计中有关实际问题的综合基本素质与能力方面得到充分、有效、系统的训练和培养,实现思维能力、学习能力、操作技能、合作能力和适应能力的提高,以培养出实践能力强、具有良好职业素质的建设类高等技术应用性专门人才。全书贯彻落实党的二十大精神,对学生职业能力的培养和职业素质的养成起着重要的作用。

　　本教材由张燕和石亚勇担任主编,具体分工为:扬州工业职业技术学院石亚勇编写第一章,扬州工业职业技术学院张燕编写第二章、第三章,扬州工业职业技术学院张雪雯编写第四章、第五章,扬州工业职业技术学院阚玉萍编写第六章,扬州工业职业技术学院陈桂凤编写第七章,扬州工业职业技术学院黄玲玲编写第八章,扬州工业职业技术学院陶玉鹏编写第九章。本教材配套视频由阚玉萍录制,全书由扬州工业职业技术学院张军教授主审。在教材编写过程中,参考了许多专家、学者的研究成果,在此以示感谢。

　　由于编者水平有限,教材中难免有一些不足和疏漏,敬请广大读者批评指正。

编　者

2023 年 7 月

目 录

第 1 章　关于 AutoCAD

教学目标与要求

- ◇　熟悉 AutoCAD 的发展状况以及功能;
- ◇　熟悉 AutoCAD 的操作界面,掌握 AutoCAD 图形文件的管理与操作;
- ◇　掌握 AutoCAD 命令的输入以及操作过程中的基本辅助工具;
- ◇　掌握 AutoCAD 对象特征点捕捉的设置与应用。

1.1　AutoCAD 简介

1.1.1　AutoCAD 的发展状况

AutoCAD(Auto Computer Aided Design)简称 CAD,是 Autodesk(欧特克)公司于 1982 年首次推出的一个通用的计算机辅助绘图与设计软件包,用于二维绘图、详细绘制、设计文档和基本三维设计,现已成为国际上广为流行的绘图工具。AutoCAD 能在 Windows 平台下方便、快捷地进行绘图和设计工作,具有良好的用户界面,通过交互菜单或命令行的方式便可以进行各种操作。因此,AutoCAD 彻底改变了传统的手工绘图模式,将工程设计人员从繁重的手工绘图工作中解放了出来,从而极大地提高了设计效率和工作质量。

AutoCAD 的多文档设计环境让非计算机专业人员也能很快地学会如何使用,并且能在不断实践的过程中更好地掌握它的各种应用和开发技巧,从而不断提高工作效率。AutoCAD 是使用最为广泛的计算机辅助绘图软件之一,广泛应用于建筑、机械、水利、服装、电子、航天和军事等诸多工程领域,以及广告设计、美术制作等专业设计领域。

在不同的行业中,Autodesk(欧特克)开发了行业专用的版本和插件,在机械设计与制造行业中发行了 AutoCAD Mechanical 版本;在电子电路设计行业中发行了 AutoCAD Electrical 版本;在勘测、土方工程与道路设计行业中发行了 Autodesk Civil 3D 版本;而学校里教学、培训中所用的一般都是 AutoCAD Simplified 版本。

1.1.2　AutoCAD 的主要功能

AutoCAD 软件主要功能有以下几个方面：

（1）可以绘制二维图形和三维实体图形。

（2）具有强大的图形编辑功能，能方便地进行图形的修改、编辑操作。

（3）强大的尺寸整体标注和半自动标注功能。

（4）开放的二次开发功能，提供多种开发工具进行二次开发。用户可以根据需要来自定义各种菜单及与图形有关的一些属性。AutoCAD 提供了一种内部的 Visual Lisp 编辑开发环境，用户可以使用 Lisp 语言定义新命令，开发新的应用和解决方案。

（5）提供多种接口文件，如 DWF 数据信息交换方式，支持多种硬件设备和操作平台。

（6）具有通用性、易用性，适用于各类用户。此外，从 AutoCAD 2000 开始，该软件又增添了许多强大的功能，如 AutoCAD 设计中心（ADC）、多文档设计环境（MDE）、Internet 驱动、新的对象捕捉功能、增强的标注功能以及局部打开和局部加载的功能。

1.1.3　AutoCAD 对计算机系统的要求

安装 AutoCAD 2019 所需的硬件配置：

（1）处理器：至少配置 2.5—2.9GHz 处理器，条件许可，应配置 3GHz 的处理器。

（2）内存：至少配置 8GB 内存，条件许可，应配置 16GB 容量的内存以提高速度。

（3）硬盘：典型安装需要有 100GB 或更大的可用空间。

（4）显示器：一个支持 Windows 的 1920×1080（真彩色）的显示器。

（5）定点设备：与微软鼠标兼容。

安装 AutoCAD 2019 所需的软件要求：

（1）AutoCAD 2019 使用的操作系统可以是 Microsoft Windows 10/8。

（2）Google Chrome 浏览器（适用于 Auto CAD Web）。

1.2　AutoCAD 基础知识

1.2.1　AutoCAD 中文界面

当正确安装了 AutoCAD 2019 之后，系统就会自动在 Windows 桌面上生成一个快捷图标，双击该图标即可启动 AutoCAD 2019。如图 1-1 所示为中文版 AutoCAD 2019 的工作界面，它主要由标题栏、下拉菜单、工具栏、绘图区、十字光标、命令行和状态栏等部分组成。

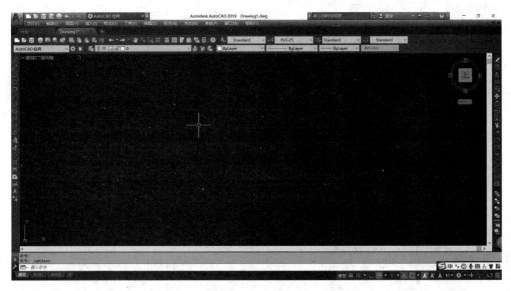

图 1 - 1　中文版 AutoCAD 2019 工作界面

1.2.2　图形文件的管理与操作

1. 新建文件

在工具栏中单击【新建】按钮或单击【菜单浏览器】按钮，在弹出的菜单中选择【文件】|【新建】命令（NEW），可以创建新图形文件，此时将打开"选择样板"对话框，如图 1 - 2 所示。

在"选择样板"对话框中，可以在样板列表框中选中某一个样板文件，这时在右侧的【预览】框中将显示出该样板的预览图像，单击【打开】按钮，可以将选中的样板文件作为样板来创建新图形。样板文件中通常包含与绘图相关的一些通用设置，如图层、线型、文字样式等，使用样板创建新图形不仅提高了绘图的效率，而且还保证了图形的一致性。

图 1 - 2　选择样板对话框

2. 打开文件

在工具栏中单击【打开】按钮或单击【菜单浏览器】按钮，在弹出的菜单中选择【文件】|【打开】命令（OPEN），可以打开已有的图形文件，此时将打开"选择文件"对话框，如图 1 - 3 所示。

在"选择文件"对话框的文件列表框中，选择需要打开的图形文件，在右侧的【预览】框中将显示出该图形的预览图像。在默认情况下，打开的图形文件的格式都为 . dwg 格式。图形文件可以以"打开""以只读方式打开""局部打开"和"以只读方式局部打开"四种方式打开。当以"打开"和"局部打开"方式打开图形时，可以对图形文件进行编辑；当以"以只读方式打开"和"以只读方式局部打开"方式打开图形的，则无法对图形文件进行编辑。

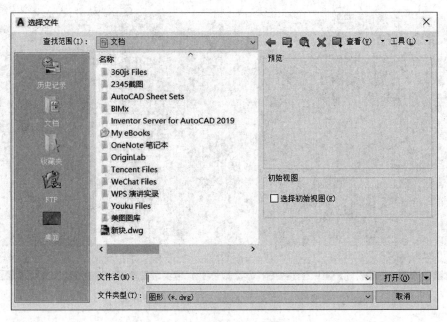

图 1-3　选择文件对话框

3. 保存文件

在 AutoCAD 中，可以使用多种方式将所绘图形以文件形式存入磁盘。例如，在快速访问工具栏中单击【保存】按钮或单击【菜单浏览器】按钮，在弹出的菜单中选择【文件】|【保存】命令（QSAVE），以当前使用的文件名保存图形；也可以单击【菜单浏览器】按钮，在弹出的菜单中选择【文件】|【另存为】命令（SAVEAS），将当前图形以新的名称保存。在第一次保存创建的图形时，系统将打开"图形另存为"对话框，如图 1-4 所示。默认情况下，文件以"AutoCAD 2019 图形（＊.dwg）"格式保存，也可以在"文件类型"下拉列表框中选择其他格式。

图 1-4　图形另存为对话框

初学者经常忘记保存文件,因此有时会将绘制好的图形以及数据丢失,所以要养成经常存盘的好习惯。

4. 加密文件

执行保存图形命令后,打开图形"另存为"对话框。单击右上角的【工具】按钮,打开下拉菜单,选择【安全选项】,系统打开"安全选项"对话框,单击【密码】选项卡,在"用于打开此图形的密码或短语"文本框中输入相应的密码。然后单击【确定】按钮,系统会打开"确认密码"对话框,用户需要再输入一次密码,确认后,单击【确定】按钮,完成密码设置。

当文件设置密码后,需要打开此图形文件时,会先弹出一个"密码"对话框,用户输入正确密码打开文件。

5. 退出文件

图形绘制完成并且保存后,退出 AutoCAD 2019 有下面两种方法:

(1) 使用菜单命令退出,即选择菜单栏中的【文件】|【退出】命令。

(2) 使用工具栏的按钮退出,即单击窗口右上角的【关闭】按钮。

1.2.3　键盘(标准功能键)与鼠标操作(光标含义)

1. 键盘(标准功能键)

在 AutoCAD 2019 中,大部分的绘图、编辑功能都需要通过键盘输入命令、系统变量等来完成。此外,键盘还是输入文本对象、数值参数、点的坐标或进行参数选择的唯一途径。

2. 鼠标操作(光标含义)

在绘图窗口中,光标通常显示为"十字线"形式。当光标移至菜单选项、工具或对话框内时,它会变成一个箭头。无论光标是"十字线"形式还是箭头形式,当单击或按住鼠标键时,都会执行相应的命令或动作。

在 AutoCAD 中,鼠标键是按照下述规则定义的:

拾取键:通常指鼠标左键,用于指定屏幕上的点,也可以用来选择 Windows 对象、Auto-CAD 对象、工具按钮和菜单命令等。

回车键:指鼠标右键,相当于 Enter 键,用于结束当前使用的命令,点击右键时系统将根据当前绘图状态而弹出不同的快捷菜单。

弹出菜单:当使用 Shift 键和鼠标右键的组合时,系统将弹出一个快捷菜单,用于设置捕捉点的方法。对于 3 键鼠标,弹出按钮通常是鼠标的中间按钮。

常见的鼠标含义如表 1-1 所示:

表 1-1　常见的鼠标含义

	正常选择		视图窗口缩放
	正常绘图状态		视图动态缩放符

┼	输入状态	✛	任意移动
□	选择目标	☞	帮助跳转符号
⧗	等待符号	I	插入文本符号
➤⧗	应用程序启动符	➤?	帮助符号
✋	视图平移符号	⇳	调整命令窗口大

1.2.4　坐标输入方法

1. 认识坐标系

在 AutoCAD 2019 中,坐标系分为世界坐标系(WCS)和用户坐标系(UCS)。在这两种坐标系下都可以通过坐标(x,y)来精确定位点。

默认情况下,在开始绘制新图形时,当前坐标系为世界坐标系(即 WCS),它包括 X 轴和 Y 轴(如果在三维空间工作,还有一个 Z 轴)。根据笛卡尔坐标系的习惯,平行 X 轴正方向向右为水平距离增加的方向,平行 Y 轴正方向向上为竖直距离增加的方向,垂直于 XY平面,沿 Z 轴正方向从所视方向向外为 Z 轴距离增加的方向。这一套坐标轴确定了世界坐标系,简称 WCS。该坐标系的特点:它总是存在于一个设计图形之中,并且不可更改。尽管世界坐标系(WCS)是固定不变的,但可以从任意角度、任意方向来观察或旋转世界坐标系(WCS),而不用改变其他坐标系。

相对于世界坐标系 WCS,用户可以创建无限多的坐标系,这些坐标系通常称为用户坐标系(UCS)。用户可以通过调用 UCS 命令来创建用户坐标系。AutoCAD 提供的坐标系图标,可以在同一图纸不同坐标系中保持同样的视觉效果。这种图标将通过指定 X、Y 轴的正方向来显示当前 UCS 的方位。

2. 坐标表示方法

在 AutoCAD 2019 中,点的坐标可以使用绝对直角坐标、绝对极坐标、相对直角坐标和相对极坐标这四种方法表示,它们的特点分别如下所示。

绝对直角坐标:是从点(0,0)或(0,0,0)出发的位移,可以使用分数、小数或科学记数等形式表示点的 X、Y、Z 坐标值,坐标间用逗号隔开,例如点(7.9,5.6)或(2.8,5.3,9.8)等。

绝对极坐标:是从点(0,0)或(0,0,0)出发的位移,但给定的是距离和角度,其中距离和角度用"<"分开,且规定 X 轴正向为 0°,Y 轴正向为 90°,例如点(27<60)、(34<

30)等。

相对直角坐标和相对极坐标:相对坐标是指相对于某一点的 X 轴和 Y 轴的位移,或距离和角度。它的表示方法是在绝对坐标表达方式前加上"@"号,如(@-15,8)和(@26<30)。其中,相对极坐标中的角度是新点和上一点连线与 X 轴的夹角。

3. 控制坐标的显示

在绘图窗口中移动光标的十字指针时,状态栏上将动态地显示当前指针的坐标。在AutoCAD 2019 中,坐标显示取决于所选择的模式和程序中运行的命令,共有 3 种模式。

模式 0 【关】:显示上一个拾取点的绝对坐标。此时,指针坐标将不能动态更新,只有在拾取一个新点时,显示才会更新。但是,从键盘输入一个新点坐标时,不会改变该显示方式。

模式 1 【绝对】:显示光标的绝对坐标。该值是动态更新的,默认情况下,显示方式是打开的。

模式 2 【相对】:显示一个相对极坐标。当选择该方式时,如果当前处在拾取点状态,系统将显示光标所在位置相对于上一个点的距离和角度。当离开拾取点状态时,系统将恢复到模式1。

1.2.5　命令的输入与终止

使用 AutoCAD 进行绘图操作时,必须输入相应的命令。

1. 命令的输入

AutoCAD 输入命令的途径有四种:

(1) 命令行输入:由键盘在命令行输入命令。

(2) 下拉菜单输入:通过选择下拉菜单输入选项输入命令。

(3) 工具栏输入:通过单击工具栏按钮输入命令。

(4) 鼠标右键输入:在不同的区域单击鼠标右键,会弹出相应的菜单,从菜单中选择执行命令。

(5) 透明命令的输入:在不中断某一命令执行的情况下能插入执行的另一条命令称为透明命令。输入透明命令时,应该在该命令前加一撇号"'",执行透明命令后会出现"〉〉"提示符。

2. 命令的结束

要结束命令,按键盘"Enter"键,即可结束该命令。

3. 命令的终止

在命令执行中,可以随时按键盘"Esc"键,终止执行该命令。

1.2.6　环境设置

在使用 AutoCAD 绘图前,经常需要对绘图环境的某些参数进行设置,使其更符合自己的使用习惯,从而提高绘图效率。

1. 设置图形界限

图形界限就是绘图区域,也称为图限。现实中的图纸都有一定的规格尺寸,如 A4,为了

将绘制的图纸方便地打印输出，在绘图前应设置好图形界限。在 AutoCAD 2019 中，可以单击【菜单浏览器】按钮，在弹出的菜单中选择【格式】|【图形界限】命令（LIMITS）来设置图形界限。

在世界坐标系下，图形界限由一对二维点确定，即左下角点和右上角点。在发出 LIM-ITS 命令时，命令提示行将显示如下提示信息：

指定左下角点或［开(ON)/关(OFF)］<0.0000,0.0000>：。

2. 设置图形单位

在 AutoCAD 2019 中，可以采用 1∶1 的比例因子绘图，因此，所有的直线、圆和其他对象都可以以真实大小来绘制。例如，一个构件长 2 000 mm，可以按 2 000 mm 的真实大小来绘制，在需要打印时，再将图形按图纸大小进行缩放。

在 AutoCAD 2019 中，可以单击【菜单浏览器】按钮，在弹出的菜单中选择【格式】|【单位】命令（UNITS），在打开的"图形单位"对话框中设置绘图时使用的长度单位、角度单位以及单位的显示格式和精度等参数，这在以后的平面图绘制中将详细讲解。

3. 设置参数选项

单击【菜单浏览器】按钮，在弹出的菜单中单击【选项】按钮（OPTIONS），打开"选项"对话框。在该对话框中包含【文件】、【显示】、【打开和保存】、【打印和发布】、【系统】、【用户系统配置】、【草图】、【三维建模】、【选择集】和【配置】等 10 个选项卡，如图 1-5 所示。此内容在后面章节有详细介绍。

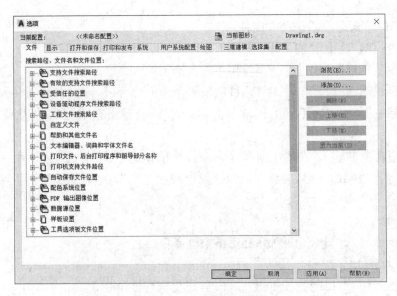

图 1-5　选项对话框

4. 设置工作空间

在 AutoCAD 中可以自定义工作空间来创建绘图环境，以便显示用户需要的工具栏、菜单和可固定的窗口，如图 1-6 所示。

图 1-6 自定义对话框

1.2.7 对象特征点的捕捉

AutoCAD 提供了强大的精确绘图的功能,其中包括对象正交和极轴、捕捉和栅格、对象捕捉、对象追踪等。

1. 正交和极轴模式

(1)正交模式

打开正交模式后,只能画水平和垂直方向的直线,也就是追踪到水平和垂直方向的角度。

调用方法:点击状态栏中的【正交】按钮或按功能能键"F8"可以打开和关闭正交模式。

(2)极轴模式

打开极轴模式后,可以追踪更多的角度,可以设置增量角,所有 0°和增量角的整数倍角度都会被追踪到。

调用方法:点击状态栏中的【极轴】按钮或按功能能键"F10"可以打开和关闭极轴模式。

(3)设置增量角

方法一:点击下拉菜单【工具】|【草图设置】,弹出"草图设置"对话框,选择"极轴追踪"标签,调整增量角,如图 1-7 所示。

方法二:把鼠标移动到状态栏"极轴"上方,点右键,选中设置,调出设置增量角对话框。

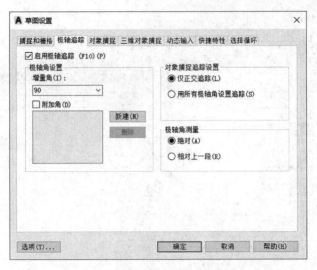

图 1-7　极轴追踪对话框

2. 栅格和栅格捕捉

栅格是显示在用户定义的图形界限内的点阵,使用栅格可以直观地参照栅格进行绘制草图。

栅格调用方法:点击状态栏上"栅格"标签或者按功能键"F7"。

栅格间距调整方法(命令 GRID):

方法一:点击下拉菜单【工具】|【草图设置】,弹出"草图设置"对话框,选择"栅格和捕捉"标签,如图 1-8 所示。

方法二:把鼠标移动到状态栏"栅格"上方,点右键,选中设置,调出设置栅格和捕捉对话框。

然后调整栅格 X 轴间距和栅格 Y 轴间距。

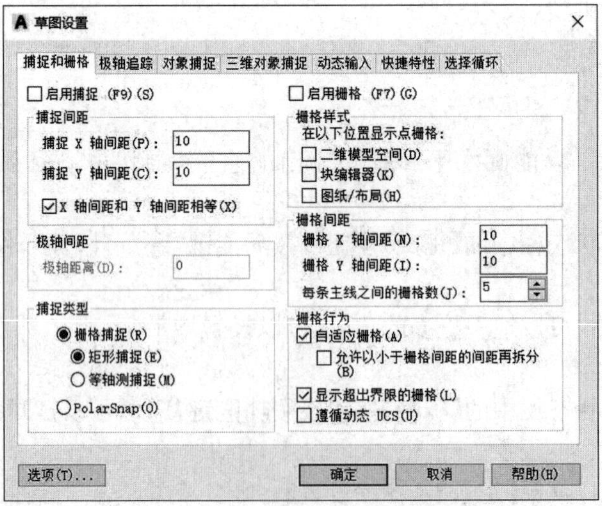

图 1-8　栅格和捕捉对话框

栅格捕捉调用方法：

点击状态栏上"捕捉"标签或者按功能键"F9"。

栅格捕捉间距调整方法（命令 SNAP）：

方法一：点击下拉菜单【工具】|【草图设置】，弹出"草图设置"对话框，选择"栅格和捕捉"标签。

方法二：把鼠标移动到状态栏"捕捉"上方，点右键，选中设置，调出设置栅格和捕捉对话框。

然后调整捕捉 X 轴间距和捕捉 Y 轴间距。

3. 对象捕捉

在绘图过程中，常常需要在一些特定的几何点之间画图，比如过圆心、直线的中点、线段的端点和两条直线的交叉点等。我们无须了解这些点的精确坐标，通过对象捕捉可以确保绘图的精确性，如图 1－9 所示。

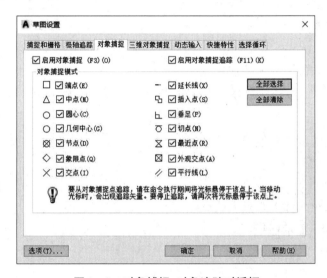

图 1－9　对象捕捉、对象追踪对话框

对象捕捉与栅格捕捉的区别：

栅格捕捉的是栅格点，而对象捕捉的是几何要素上的特殊点。

对象捕捉分单点捕捉和自动捕捉两种模式。

（1）单点对象捕捉

调出对象捕捉工具条：点击下拉菜单【工具】|【工具栏】，在"工具栏"内选择"对象捕捉"，如图 1－10 所示。

图 1－10　对象捕捉工具条

① 端点捕捉

捕捉直线段或圆弧等对象的端点。

捕捉按钮：　　显示标记：□

② 中点捕捉

捕捉直线段或圆弧等对象的中点。

捕捉按钮：　　　显示标记：△

③ 交叉点捕捉

捕捉直线段或圆弧等对象之间的交点。

捕捉按钮：　　　显示标记：×

④ 圆心捕捉

捕捉圆或圆弧的圆心。

捕捉按钮：　　　显示标记：○

⑤ 象限点捕捉

捕捉圆或圆弧的最近象限点。

捕捉按钮：　　　显示标记：◇

⑥ 切点捕捉

捕捉待绘图形与圆或圆弧的切点。

捕捉按钮：　　　显示标记：ㅂ

⑦ 垂足点捕捉

捕捉所绘制的线段与其他线段的正交点。

捕捉按钮：　　　显示标记：ㄴ

⑧ 最近点捕捉

捕捉对象上的距光标中心最近的点。

捕捉按钮：　　　显示标记：⊠

⑨ 平行点捕捉

捕捉对象上相互平行的点。

捕捉按钮：　　　显示标记：∥

⑩ 对象捕捉设置

采用自动捕捉模式时，设置同时启动的对象捕捉方式。

设置按钮：

（2）自动对象捕捉

自动对象捕捉调用方法：点击状态栏上"对象捕捉"标签或者按功能键"F11"。

自动对象捕捉设置方法：点击对象捕捉工具条按钮，弹出"自动对象捕捉"对话框，在对象捕捉模式前打钩，可以多选，即同时启动选中的捕捉模式。

4. 对象追踪

自动对象追踪调用方法：点击状态栏上"对象捕捉"和"对象追踪"，即同时打开。

1.2.8　显示控制

在绘制图形时，常常需要对图形进行放大或平移。对图形显示的控制主要包括实时缩放、窗口缩放和平移操作等。

（1）实时缩放

执行命令后，鼠标显示为放大镜图标，按住鼠标左键往上移动图形放大显示；往下移动图形则缩小显示。

（2）窗口缩放

执行命令后，单击鼠标左键确定放大显示的第一个角点，然后拖动鼠标框选取要显示在窗口中的图形，再单击鼠标左键确定对角点，即可将图形放大显示。

（3）全部缩放图形

把所画的图形全部显示在绘图区域。

（4）平移图形

执行命令后，光标显示为一个小手，按住鼠标左键拖动即可实现平移图形。

（5）返回缩放

返回到前面显示的图形视图。

【附】Auto CAD 快捷键大全

F1	获取帮助	Ctrl＋B	栅格捕捉模式控制(F9)
F2	实现作图窗和文本窗口的切换	DRA	半径标注
F3	控制是否实现对象自动捕捉	DDI	直径标注
F4	数字化仪控制	DAL	对齐标注
F5	等轴测平面切换	DAN	角度标注
F6	控制状态行上坐标的显示方式	Ctrl＋C	将选择的对象复制到剪切板上
F7	栅格显示模式控制	Ctrl＋F	控制是否实现对象自动捕捉(F3)
F8	正交模式控制	Ctrl＋G	栅格显示模式控制(F7)
F9	栅格捕捉模式控制	Ctrl＋J	重复执行上一步命令
F10	极轴模式控制	Ctrl＋K	超级链接
F11	对象追踪式控制	Ctrl＋N	新建图形文件
Ctrl＋M	打开选项对话框	AA	测量区域和周长(area)
AL	对齐(align)	AR	阵列(array)
AP	加载＊lsp 程系	AV	打开视图对话框(dsviewer)
SE	草图设置	ST	打开字体设置对话框(style)
SO	绘制二围面(2d solid)	SP	拼音的校核(spell)
SC	缩放比例(scale)	SN	栅格捕捉模式设置(snap)
DT	文本的设置(dtext)	DI	测量两点间的距离
OI	插入外部对相	Ctrl＋1	打开特性对话框
Ctrl＋2	打开图像资源管理器	Ctrl＋6	打开图像数据原子
Ctrl＋O	打开图像文件	Ctrl＋P	打开打印对话框
Ctrl＋S	保存文件	Ctrl＋U	极轴模式控制(F10)
Ctrl＋V	粘贴剪贴板上的内容	Ctrl＋W	对象追踪式控制(F11)

Ctrl+X	剪切所选择的内容	Ctrl+Y	重做
Ctrl+Z	取消前一步的操作	A	绘圆弧
B	定义块	C	画圆
D	尺寸资源管理器	E	删除
F	倒圆角	G	对相组合
H	填充	I	插入
S	拉伸	T	文本输入
W	定义块并保存到硬盘中	L	直线
M	移动	X	炸开
V	设置当前坐标	U	恢复上一次操作
O	偏移	P	移动
Z	缩放		

课后作业

（1）栅格捕捉与对象捕捉之间的区别是什么？

（2）命令的输入方式有几种以及透明命令的输入与应用？

（3）建立新文件，具体要求如下：

设立图形范围 30×15，左下角为(0,0)，栅格距离和光标移动间距均为 1，将显示范围设置得和图形范围相同。

长度单位采用十进制，精度为小数点后 4 位，角度单位采用十进制，精度为小数点后一位。

（4）建立新文件，具体要求如下：

设立图形范围 45×30，左下角为(3,6)，栅格距离与光标移动间距为 1.5，将显示范围设置得和图形范围相同。

长度单位和角度单位均采用十进制，精度为小数点后 4 位。

第 2 章　简单图形的绘制

教学目标与要求

◇　掌握直线、多线、多段线以及样条曲线等线性图形的设置方法、基本命令的功能以及操作方法；
◇　掌握矩形、圆形、多边形、椭圆等几何图形的绘制方法。

2.1　实用案例一——绘制五角星

绘制案例

绘制如图 2-1 所示的五角星图形，线段长度为 60 mm。

图 2-1　五角星图形

分析案例

首先通过直线命令确定五角星，然后根据五角星的任意三个角点绘制圆。

操作案例

一、绘制直线

参考命令：L LINE

指定第一个点：

五角星

指定下一点或 ［放弃(U)］：@60＜0

指定下一点或 ［放弃(U)］：@60＜－144

指定下一点或 ［闭合(C)/放弃(U)］：@60＜72

指定下一点或 ［闭合(C)/放弃(U)］：@60＜－72

指定下一点或 ［闭合(C)/放弃(U)］：@60＜144

指定下一点或 ［闭合(C)/放弃(U)］：

命令：＊取消＊

二、绘制圆

参考命令：C

CIRCLE

指定圆的圆心或 ［三点(3P)/两点(2P)/切点、切点、半径(T)］：3p 指定圆上的第一个点：

指定圆上的第二个点：

指定圆上的第三个点：

点击五角星任意三个角点即可,图形绘制结束。

案例总结

一、命令的使用

1. 命令的执行方式

AutoCAD 的操作过程由相应指令的命令控制。常用的执行命令方式有以下三种：

(1) 在命令行输入命令名称(英文)。即在命令行的"命令："提示后输入命令的字符串或者是命令字符串的方式,命令字符不区分大小写。有时由首字母快捷命令直接输入即可,如直线命令,输入"L"回车即可；有时不能直接输入首字母,如复制命令 Copy,需要输入"Co"。

(2) 在下拉菜单栏中选择命令,在状态栏可以看到相应的命令说明,按步骤操作即可。

(3) 点击"绘图"工具条上或面板上的直线绘制按钮,执行相应命令。

在上述三种执行方式中,在命令行输入命令名是最为方便快捷的方式。因为 AutoCAD 的所有命令均有其英文命令名,但却并非所有的命令都有其子菜单项、命令快捷方式或工具栏图标。

2. 重复使用命令

如果在命令行"命令："提示下要重复执行刚才执行过的命令,有以下三种方法：

(1) 直接按"Enter"键或空格键。

(2) 在绘图区单击鼠标右键,再在弹出的快捷菜单中选择需要重复执行的命令。

(3) 按"↑"键或"↓"键,将光标移动到需要的命令处按"Enter"键即可。

3. 退出命令

如果在命令行"命令："提示下要退出刚才执行过的命令,有以下两种方法：

(1) 直接按"Esc"键。

(2) 在绘图区单击鼠标右键,然后在弹出的快捷菜单中选择"确认"命令。

二、直线(LINE)的绘制命令

启动直线命令后,根据命令行提示,指定直线的第 1 点、第 2 点……第 n 点,可以输入点的坐标值,也可以用光标在屏幕中拾取点。输入点的坐标可以参照坐标系输入方法。

绘图过程中,按"Enter"键退出命令;输入"C"按"Enter"键,闭合图形并退出命令;输入"U"按"Enter"键返回前一步;按"Esc"键,取消命令。

三、圆(CIRCLE)的绘制命令

AutoCAD 提供的下拉菜单如图 2 - 2 所示,共六种绘制圆的方式,可以根据不同已知条件选用:

图 2 - 2　圆绘制菜单

(1)圆心半径法:通过圆心和圆的半径确定一个圆。

(2)圆心直径法:确定圆心和圆的直径确定一个圆。

(3)三点法:通过三个不在同一直线上的点确定一个圆。

(4)两点法:通过圆的任一条直径上的两个端点确定一个圆。

(5)相切/相切/半径法:通过所画圆与两个指定的对象相切并给定圆的半径确定一个圆。

(6)相切/相切/相切法:通过指定与所画圆相切的三个对象确定一个圆。

四、取消命令

绘图过程中,执行错误操作是很难避免的,AutoCAD 允许使用 Undo 命令来取消这些错误操作。

只要没有执行 Quit、Save 或 End 命令结束或保存绘图,进入 AutoCAD 后的全部绘图操作都存储在缓冲区中,使用 Undo 命令可以逐步取消本次进入绘图状态后的操作,直至初始状态。这样用户可以一步一步地找出错误所在,重新进行编辑修改。启动 Undo 命令有以下三种方法:

(1)下拉菜单【编辑】—【放弃】。

(2)在标准工具栏上单击"Undo"按钮。

(3)在"命令":提示下输入"Undo"(简捷命令 U)并回车。

五、撤销与重做命令

1. 撤销

执行下列任一操作,均可取消前一次操作,即每执行一次,就可以往前返回一步:

(1)点击标准工具条上的撤销按钮。

(2)从键盘上输入"U"后回车。

2. 重做

重做是一个与撤销相逆的过程,撤销掉的步骤可以通过重做得到恢复。下面任一方式均可执行重做命令:

(1)点击标准工具条上的重做按钮,注意此按钮需先有"撤销"操作后方可用。

(2)从键盘上输入"R"后回车。

案例拓展

拓展案例 1：绘制如图 2-3、2-4 所示的任意三角形的内切圆。

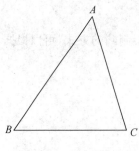

图 2-3   任意三角形

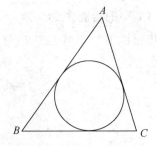

图 2-4   任意三角形内切圆

参考命令：C

CIRCLE

指定圆的圆心或 ［三点(3P)/两点(2P)/切点、切点、半径(T)］：3p

指定圆上的第一个点：tan

到(选择相切目标)

指定圆上的第二个点：tan

到(选择相切目标)

指定圆上的第三个点：tan

到(选择相切目标)

依次点击三角形三个边即可。

拓展案例 2：按要求绘制如图 2-5 所示图形。

(1) 以点 $O(130,145)$ 为圆心作一半径为 50 的圆,过点 A $(30,145)$ 分别作出切线 AB 和 AC。

(2) 作一圆同时相切于 AB 和 AC,且半径为 20。

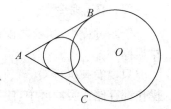

图 2-5   案例图形

分析案例

此题难点在于确定 AB 和 AC,使其相切于大圆,操作过程中最好使用对象捕捉进行辅助绘图。

设置点样式,绘制点。

参考命令：POINT

当前点模式：PDMODE=35   PDSIZE=0.0000

指定点：30,145

命令：POINT

当前点模式：PDMODE=35   PDSIZE=0.0000

指定点：130,145

命令：Z

ZOOM

指定窗口的角点,输入比例因子（nX 或 nXP）,或者

［全部(A)/中心(C)/动态(D)/范围(E)/上一个(P)/比例(S)/窗口(W)/对象(O)］
＜实时＞：a

　命令：C

　CIRCLE

　指定圆的圆心或［三点(3P)/两点(2P)/切点、切点、半径(T)］：

　指定圆的半径或［直径(D)］＜20.0000＞：50

　命令：L

　LINE

　指定第一个点：　　　　　　　（设置对象捕捉）

　指定下一点或［放弃(U)］：_tan 到

　指定下一点或［放弃(U)］：

　命令：LINE

　指定第一个点：

　指定下一点或［放弃(U)］：_tan 到

　指定下一点或［放弃(U)］：

　命令：C

　CIRCLE

　指定圆的圆心或［三点(3P)/两点(2P)/切点、切点、半径(T)］：t

　指定对象与圆的第一个切点：

　指定对象与圆的第二个切点：

　指定圆的半径 ＜50.0000＞：20

　图形绘制结束。

2.2　实用案例二——绘制卫浴用品

绘制案例

　绘制如图 2-6 所示的图形。

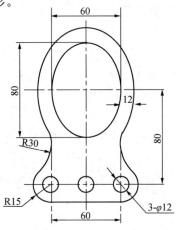

图 2-6　卫浴用品

分析案例

此图形绘制过程中的难点在于绘制半径为 30 的那段圆弧。

操作案例

轴线的绘制,如图 2-7 所示。
参考命令: L
LINE
指定第一个点:
指定下一点或 [放弃(U)]: 60
指定下一点或 [放弃(U)]:
命令: LINE
指定第一个点:
指定下一点或 [放弃(U)]: 80
指定下一点或 [放弃(U)]: * 取消 *
命令: O
OFFSET
当前设置: 删除源=否　图层=源　OFFSETGAPTYPE=0
指定偏移距离或 [通过(T)/删除(E)/图层(L)] <9.0000>: 80
选择要偏移的对象,或 [退出(E)/放弃(U)] <退出>:
指定要偏移的那一侧上的点,或 [退出(E)/多个(M)/放弃(U)] <退出>:
选择要偏移的对象,或 [退出(E)/放弃(U)] <退出>: * 取消 *
命令:
命令:
命令: _ellipse
指定椭圆的轴端点或 [圆弧(A)/中心点(C)]: c
指定椭圆的中心点:
指定轴的端点:
指定另一条半轴长度或 [旋转(R)]: 40
命令: C
CIRCLE
指定圆的圆心或 [三点(3P)/两点(2P)/切点、切点、半径(T)]:
指定圆的半径或 [直径(D)] <6.0000>: 6
命令: * 取消 *
命令: CO
COPY
选择对象: 找到 1 个
选择对象:
当前设置: 复制模式 = 多个

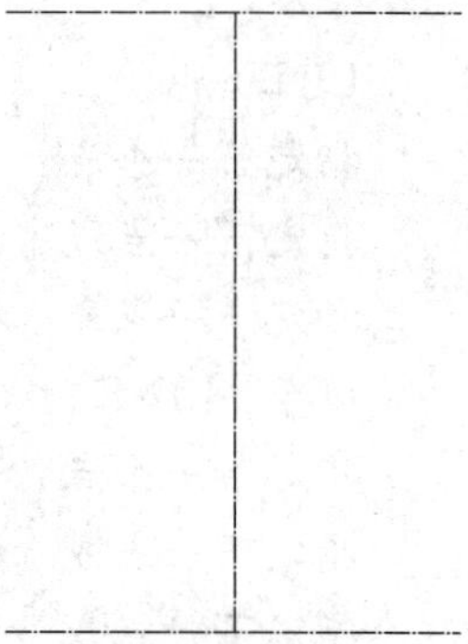

图 2-7　轴线绘制

卫浴

指定基点或［位移(D)/模式(O)］＜位移＞：m

需要点或选项关键字。

指定基点或［位移(D)/模式(O)］＜位移＞：

指定第二个点或［阵列(A)］＜使用第一个点作为位移＞：30

指定第二个点或［阵列(A)/退出(E)/放弃(U)］＜退出＞：60

指定第二个点或［阵列(A)/退出(E)/放弃(U)］＜退出＞：＊取消＊

命令：O

OFFSET

当前设置：删除源＝否　图层＝源　OFFSETGAPTYPE＝0

指定偏移距离或［通过(T)/删除(E)/图层(L)］＜80.0000＞：12

选择要偏移的对象，或［退出(E)/放弃(U)］＜退出＞：

指定要偏移的那一侧上的点，或［退出(E)/多个(M)/放弃(U)］＜退出＞：

选择要偏移的对象，或［退出(E)/放弃(U)］＜退出＞：

命令：OFFSET

当前设置：删除源＝否　图层＝源　OFFSETGAPTYPE＝0

指定偏移距离或［通过(T)/删除(E)/图层(L)］＜12.0000＞：9

选择要偏移的对象，或［退出(E)/放弃(U)］＜退出＞：

指定要偏移的那一侧上的点，或［退出(E)/多个(M)/放弃(U)］＜退出＞：

选择要偏移的对象，或［退出(E)/放弃(U)］＜退出＞：

指定要偏移的那一侧上的点，或［退出(E)/多个(M)/放弃(U)］＜退出＞：

选择要偏移的对象，或［退出(E)/放弃(U)］＜退出＞：＊取消＊

结果如图 2-8 所示。

半径为 30 的圆弧是通过倒圆角的命令进行绘制的。

命令：L

LINE

指定第一个点：tan

到

指定下一点或［放弃(U)］：tan

到

指定下一点或［放弃(U)］：＊取消＊

命令：F

FILLET

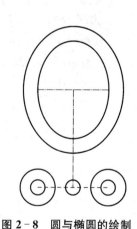

图 2-8　圆与椭圆的绘制

当前设置：模式 ＝ 修剪,半径 ＝ 30.0000

选择第一个对象或［放弃(U)/多段线(P)/半径(R)/修剪(T)/多个(M)］：r

指定圆角半径 ＜30.0000＞：30

选择第一个对象或［放弃(U)/多段线(P)/半径(R)/修剪(T)/多个(M)］：

选择第二个对象,或按住 Shift 键选择对象以应用角点或［半径(R)］：

命令：FILLET

当前设置：模式 ＝ 修剪,半径 ＝ 30.0000

选择第一个对象或［放弃(U)/多段线(P)/半径(R)/修剪(T)/多个(M)］：

选择第二个对象,或按住 Shift 键选择对象以应用角点或［半径(R)］：

命令：＊取消＊

结果如图 2-9 所示。

将部分图形进行修改。

命令：TR

TRIM

当前设置：投影＝UCS,边＝无

选择剪切边……

选择对象或＜全部选择＞：

选择要修剪的对象,或按住 Shift 键选择要延伸的对象,或
［栏选(F)/窗交(C)/投影(P)/边(E)/删除(R)/放弃(U)］：

选择要修剪的对象,或按住 Shift 键选择要延伸的对象,或
［栏选(F)/窗交(C)/投影(P)/边(E)/删除(R)/放弃(U)］：

选择要修剪的对象,或按住 Shift 键选择要延伸的对象,或
［栏选(F)/窗交(C)/投影(P)/边(E)/删除(R)/放弃(U)］：

选择要修剪的对象,或按住 Shift 键选择要延伸的对象,或
［栏选(F)/窗交(C)/投影(P)/边(E)/删除(R)/放弃(U)］：

选择要修剪的对象,或按住 Shift 键选择要延伸的对象,或
［栏选(F)/窗交(C)/投影(P)/边(E)/删除(R)/放弃(U)］：

选择要修剪的对象,或按住 Shift 键选择要延伸的对象,或
［栏选(F)/窗交(C)/投影(P)/边(E)/删除(R)/放弃(U)］：

选择要修剪的对象,或按住 Shift 键选择要延伸的对象,或
［栏选(F)/窗交(C)/投影(P)/边(E)/删除(R)/放弃(U)］：＊取消＊

图形绘制结束,如图 2-10 所示。

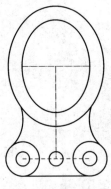
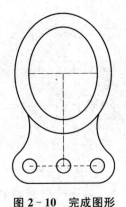

图 2-9　圆角绘制　　　　图 2-10　完成图形

案例总结

一、椭圆(ELLIPSE)的绘制命令

AutoCAD 提供了两种绘制椭圆的方式：

（1）指定椭圆其中一根轴的两个端点以及第二根轴的半径。

（2）指定椭圆的中心和第一根轴的一个端点以及第二根轴的半径。

椭圆弧的画法可以参照椭圆。

二、偏移修改命令

AutoCAD 提供了偏移复制（Offset）命令，可以方便快速地对图形进行偏移复制。

启动 Offset 命令后，命令行给出如下提示：

指定偏移距离或"通过（T）/删除（E）/图层（L）"<通过>：输入偏移量。

选择要偏移的对象，或"退出（E）/放弃（U）"<退出>：选取要偏移复制的实体目标。

指定要偏移的那一侧上的点，或"退出（E）/多个（M）/放弃（U）"<退出>：确定复制后的实体位于原实体的哪一侧。

选择要偏移的对象，或"退出（E）/放弃（U）"<退出>：继续选择实体或直接回车结束命令。

三、修剪修改命令

AutoCAD 提供了 Trim 命令，可以方便快速地对图形进行修剪。

启动 Trim 后，命令行出现如下提示：

选择对象：选择实体作为剪切边界，可连续选多个实体作为边界，选择完毕后回车确认。

选择要修剪的对象：选取要剪切实体的被剪切部分，将其剪掉，回车即可退出命令。

四、倒角修改命令

AutoCAD 提供了倒角（Chamfer）和圆角（Fillet）命令，可以方便快速地对图形进行边角修改。

启动 Chamfer 命令后，命令行出现如下提示：

选择第一条直线或[放弃（U）/多段线（P）/距离（D）/角度（A）/修剪（T）/方式（E）/多个（M）]：选择要进行倒角的第一实体（此时可以修改距离、角度等）。

选择第二条直线，或按住 Shift 键选择要应用角点的直线：选择第二个实体目标。

启动 Fillet 命令后，命令行出现如下提示：

选择第一个对象或[放弃（U）/多段线（P）/半径（R）/修剪（T）/多个（M）]：选择要进行圆角操作的第一个实体（此时可以修改圆角半径等）。

选择第二个对象，或按住 Shift 键选择要应用角点的对象：选择要进行圆角操作的第二实体。

五、图层建立

在绘制建筑图时，把同一类型的对象画在同一个图层上，每个图层设定不同的颜色和线型，这样画出来的图比较有层次感，给绘图人员带来很多方便。AutoCAD 的图层好像是一张无色透明的纸，具有相同线型和颜色的对象放在同一图层，这些图层叠放在一起就构成了一幅完整的图形。如图 2-11 所示是图层工具条，默认是显示的。如图 2-12 所示是图层特性管理器，当输入命令"layer"后，系统打开"图层特性管理器"对话框。对话框上有"新建图层""删除图层""置为当前"按钮。默认状态下提供一个图层，图层名为"0"，颜色为白色，线型为实线，线宽为默认值。

图 2-11　图层工具条

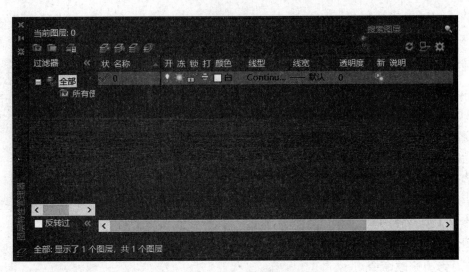

图 2‑12　图层特性管理器对话框

"图层特性管理器"对话框包含的内容如下：

（1）名称选项：图层名称。

（2）开/关选项：控制图层的开关，打开图层可见，关闭图层不可见。

（3）冻结/解冻选项：控制图层的冻结和解冻，打开图层可见，关闭图层不可见。

（4）锁定/解锁选项：控制图层锁定和解锁，被锁的图层可见，但是不能编辑。

（5）颜色选项：设置图层所画图线的颜色。在"图层特性管理器"对话框中，点击需要设置图层的状态长条中的颜色标签，弹出"选择颜色"对话框，如图 2‑13 所示，选择颜色，按"确定"按钮。

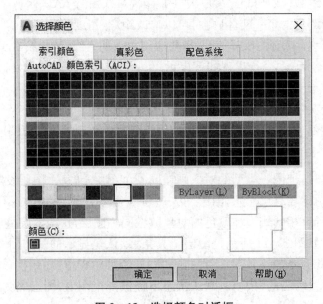

图 2‑13　选择颜色对话框

（6）线型选项：设置图层所画图线的线型。输入命令后，系统打开"线型管理器"对话框，如图 2‑14 所示。主要选项的功能如下：

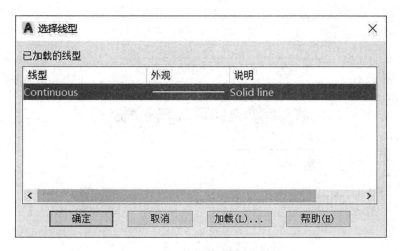

图 2‑14　线型管理器对话框

"加载(L)"按钮:用于加载新的线型。

"当前(C)"按钮:用于指定当前使用的线型。

"删除"按钮:用于从线型列表中删除没有使用的线型。

"显示细节(D)"按钮:用于显示或隐藏"线型管理器"对话框中的"详细信息"。

常见的线型有:

直线—continuous(默认)

点划线(中心线)—center

虚线—dashed

双点划线—divided

选择下拉菜单"格式"→"线型",打开"线型管理器",点击"显示细节",如图 2‑15 所示,调整全局比例因子,以调整不连续线的间隔。

图 2‑15　线型管理器显示细节设置对话框

（7）线宽选项：设置线型宽度。在"图层特性管理器"对话框中，点击需要设置图层的状长条中的线宽标签，弹出"线宽"对话框，如图 2-16 所示。选择所需线宽，按"确定"按钮。

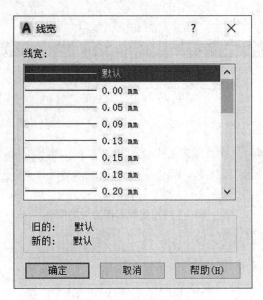

图 2-16　线宽对话框

六、图形界限和设置绘图单位

1. 图形界限

在 AutoCAD 中绘制完建筑图形后，通常需要将其输出打印到图纸上。在现实生活中常用的图纸规格为 0～5 号图纸（A5～A0），B5 也是常用图纸规格之一，应根据图纸的大小设置对应的绘图范围。

绘图界限是代表绘图极限范围的两个二维点，这两个二维点分别表示绘图范围的左下角至右上角的图形边界。

设置绘图界限命令有以下两种调用方法：

（1）选择"格式/图形界限"命令。

（2）在命令行中输入"LIMITS"命令。

在命令执行的过程中，命令行将提示"开（ON）/关（OFF）"选项，该选项起到控制打开或关闭检查功能的作用。

应当注意，在打开（ON）的状态下只能在设置的绘图范围内进行绘图，而在关闭（OFF）状态下绘制的图形并不受图形界限的限制。

2. 设置绘图单位

使用 AutoCAD 编辑图形时，一般需要对绘图单位进行设置，即设置在绘图过程中采用的单位。设置绘图单位的方法有以下三种：

（1）选择"格式/单位"命令。

（2）在命令行中输入"UNITS/DDUNITS/UN"命令。

（3）执行上面任意一种方法后，打开"图形单位"对话框，如图 2-17 所示。

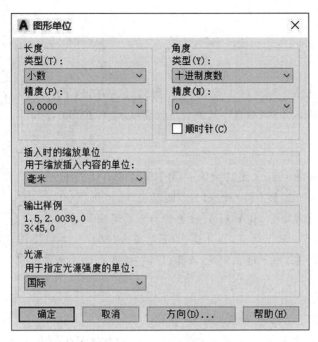

图 2－17 图形单位对话框

按照要求设置相应类型和精度要求。

2.3 实用案例三——绘制浴缸

绘制案例

绘制如图 2－18 所示的图形。

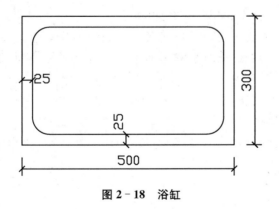

图 2－18 浴缸

分析案例

此图形操作有几种途径,比如可以先进行矩形的绘制,然后进行圆角的修改;也可以在绘制里面的矩形时提前设置圆角半径,然后直接绘制矩形即可。

操作案例

参考命令：REC

RECTANG

指定第一个角点或［倒角(C)/标高(E)/圆角(F)/厚度(T)/宽度(W)］：

指定另一个角点或［面积(A)/尺寸(D)/旋转(R)］：@500,300

命令：O

OFFSET

当前设置：删除源＝否　图层＝源　OFFSETGAPTYPE＝0

指定偏移距离或［通过(T)/删除(E)/图层(L)］＜9.0000＞：25

选择要偏移的对象，或［退出(E)/放弃(U)］＜退出＞：

指定要偏移的那一侧上的点，或［退出(E)/多个(M)/放弃(U)］＜退出＞：

选择要偏移的对象，或［退出(E)/放弃(U)］＜退出＞：＊取消＊

命令：F

FILLET

当前设置：模式 ＝ 修剪，半径 ＝ 30.0000

选择第一个对象或［放弃(U)/多段线(P)/半径(R)/修剪(T)/多个(M)］：r

指定圆角半径 ＜30.0000＞：40

选择第一个对象或［放弃(U)/多段线(P)/半径(R)/修剪(T)/多个(M)］：

选择第二个对象，或按住 Shift 键选择对象以应用角点或［半径(R)］：

命令：FILLET

当前设置：模式 ＝ 修剪，半径 ＝ 40.0000

选择第一个对象或［放弃(U)/多段线(P)/半径(R)/修剪(T)/多个(M)］：

选择第二个对象，或按住 Shift 键选择对象以应用角点或［半径(R)］：

命令：FILLET

当前设置：模式 ＝ 修剪，半径 ＝ 40.0000

选择第一个对象或［放弃(U)/多段线(P)/半径(R)/修剪(T)/多个(M)］：

选择第二个对象，或按住 Shift 键选择对象以应用角点或［半径(R)］：

命令：FILLET

当前设置：模式 ＝ 修剪，半径 ＝ 40.0000

选择第一个对象或［放弃(U)/多段线(P)/半径(R)/修剪(T)/多个(M)］：

选择第二个对象，或按住 Shift 键选择对象以应用角点或［半径(R)］：

命令：＊取消＊

图形绘制结束。

浴缸

案例总结

一、矩形（RECTANGLE）的绘制命令

AutoCAD 提供了直接绘制矩形的命令。

启动绘制矩形 Rectangle 命令后，命令行给出如下提示：

指定第一个角点或 [倒角(C)/标高(E)/圆角(F)/厚度(T)/宽度(W)]:在此提示下要求确定矩形第一个角点(此时可以设置倒角、圆角和宽度等,效果如图 2-19 所示)。

确定了第一个角点后,在出现的提示指定另一个角点或 [面积(A)/尺寸(D)/旋转(R)]:确定另一个角点绘出矩形。

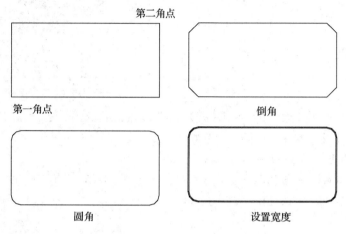

图 2-19 倒角、圆角和宽度设置效果

二、对象分解命令

AutoCAD 提供了实体对象分解命令,可以把块、多义线、多边形或尺寸标注等分解为组成的各实体。

启动实体对象分解命令 EXPLODE 后,命令行给出如下提示:

选择对象:(选择编辑目标)。

选择要炸开的块、多义线、多边形或尺寸标注等,并确认,即完成实体分解操作。

2.4 实用案例四——绘制手轮

绘制案例

绘制如图 2-20 所示的手轮。

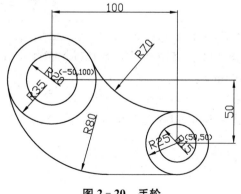

图 2-20 手轮

分析案例

此图形绘制中,大圆与小圆可以直接通过圆命令绘制,也可以通过偏移命令进行绘制。绘制圆弧时可以通过相切、相切、半径的方法,然后进行修剪。

操作案例

手轮

绘制图中的圆:
参考命令:C
CIRCLE
指定圆的圆心或[三点(3P)/两点(2P)/切点、切点、半径(T)]:-50,100
指定圆的半径或[直径(D)]<15.0000>:20
命令:CIRCLE
指定圆的圆心或[三点(3P)/两点(2P)/切点、切点、半径(T)]:50,50
指定圆的半径或[直径(D)]<20.0000>:15
命令:*取消*
命令:O
OFFSET
当前设置:删除源=否   图层=源   OFFSETGAPTYPE=0
指定偏移距离或[通过(T)/删除(E)/图层(L)]<10.0000>:15
选择要偏移的对象,或[退出(E)/放弃(U)]<退出>:
指定要偏移的那一侧上的点,或[退出(E)/多个(M)/放弃(U)]<退出>:
选择要偏移的对象,或[退出(E)/放弃(U)]<退出>:
命令:OFFSET
当前设置:删除源=否   图层=源   OFFSETGAPTYPE=0
指定偏移距离或[通过(T)/删除(E)/图层(L)]<15.0000>:10
选择要偏移的对象,或[退出(E)/放弃(U)]<退出>:
指定要偏移的那一侧上的点,或[退出(E)/多个(M)/放弃(U)]<退出>:
选择要偏移的对象,或[退出(E)/放弃(U)]<退出>:*取消*
命令:F
FILLET
当前设置:模式 = 修剪,半径 = 70.0000
选择第一个对象或[放弃(U)/多段线(P)/半径(R)/修剪(T)/多个(M)]:r
指定圆角半径<70.0000>:70
选择第一个对象或[放弃(U)/多段线(P)/半径(R)/修剪(T)/多个(M)]:
选择第二个对象,或按住 Shift 键选择对象以应用角点或[半径(R)]:
命令:*取消*
命令:L
LINE
指定第一个点:tan

到

指定下一点或［放弃(U)］：

指定下一点或［放弃(U)］：＊取消＊

命令：C

CIRCLE

指定圆的圆心或［三点(3P)/两点(2P)/切点、切点、半径(T)］：t

指定对象与圆的第一个切点：

指定对象与圆的第二个切点：

指定圆的半径＜15.0000＞：80

命令：＊取消＊

命令：TR

TRIM

当前设置：投影＝UCS,边＝无

选择剪切边……

选择对象或＜全部选择＞：

选择要修剪的对象,或按住 Shift 键选择要延伸的对象,或

［栏选(F)/窗交(C)/投影(P)/边(E)/删除(R)/放弃(U)］：

选择要修剪的对象,或按住 Shift 键选择要延伸的对象,或

［栏选(F)/窗交(C)/投影(P)/边(E)/删除(R)/放弃(U)］：

选择要修剪的对象,或按住 Shift 键选择要延伸的对象,或

［栏选(F)/窗交(C)/投影(P)/边(E)/删除(R)/放弃(U)］：

选择要修剪的对象,或按住 Shift 键选择要延伸的对象,或

［栏选(F)/窗交(C)/投影(P)/边(E)/删除(R)/放弃(U)］：

选择要修剪的对象,或按住 Shift 键选择要延伸的对象,或

［栏选(F)/窗交(C)/投影(P)/边(E)/删除(R)/放弃(U)］：

选择要修剪的对象,或按住 Shift 键选择要延伸的对象,或

［栏选(F)/窗交(C)/投影(P)/边(E)/删除(R)/放弃(U)］：

选择要修剪的对象,或按住 Shift 键选择要延伸的对象,或

［栏选(F)/窗交(C)/投影(P)/边(E)/删除(R)/放弃(U)］：＊取消＊

案 例 总 结

一、点(**POINT**)的绘制命令

AutoCAD 提供了直接绘制点的命令。

启动绘制点命令 point 后,命令行给出如下提示：

指定点：(输入指定的点的 X,Y 或 X,Y,Z 坐标即可)。

同时,AutoCAD 提供了绘制实体定数等分点 Divide、定距等分点 Measure 的命令。启动绘制实体定数等分点命令后,命令行给出如下提示：

命令：Divide↓

选择要定数等分的对象：(选择对象)

输入线段数目或[块(B)]:(输入选择项)在选定的实体上作 n 等分,在等分处绘制点标记或插入块。

启动绘制实体定距等分点命令后,命令行给出如下提示:

命令:Measure↓

选择要定距等分的对象:(选择对象)

指定线段长度或[块(B)]:(输入选择项)在选定的实体上按给定的长度作等分,在等分点处绘制点标记或插入块。

AutoCAD 提供了多种点的标记符号类型来设置点标记符号。可以通过键盘输入命令:DDPTYPE;或者通过下拉菜单→格式(O)→点样式(P),出现"点样式"对话框,如图 2-21 所示,进行选择。

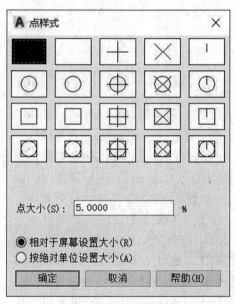

图 2-21　点样式对话框

二、图形显示精度的控制

在使用 AutoCAD 绘制过程中,可以根据情况设置当前视口中对象的分辨率。命令 VIEWRES 使用短矢量控制圆、圆弧、椭圆和样条曲线的外观。对象的分辨率大小范围为 1～20 000,矢量数目越大,圆或圆弧的外观越平滑。例如,如果创建了一个很小的圆,然后将其放大,它可能显示为一个多边形。使用 VIEWRES 命令增大缩放百分比,重生成更新的图形,并使圆的外观平滑,减小缩放百分比会有相反的效果。

案例拓展

拓展案例 1:根据要求完成以下图形。

绘制要求:

(1) 以点(100,160)为圆心,作半径为 70 的圆。

(2) 在该圆中作出四个呈环形均匀排列的小圆,小圆半径为 15,小圆圆心到大圆弧线的最短距离为 25,如图 2-22 所示。

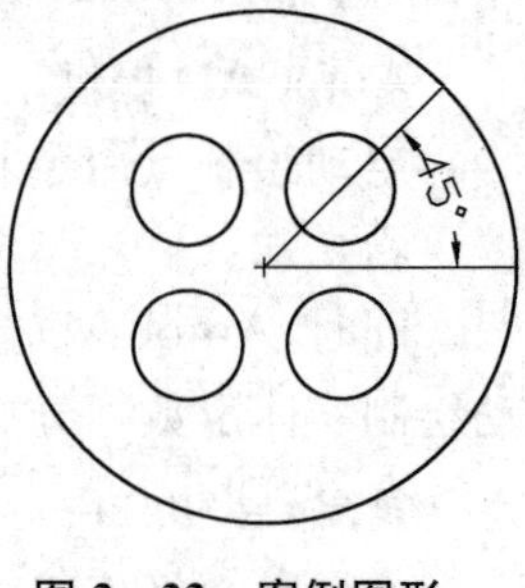

图 2-22　案例图形

操作步骤

操作步骤

参考命令：C

CIRCLE

指定圆的圆心或 [三点(3P)/两点(2P)/切点、切点、半径(T)]：100,160

指定圆的半径或 [直径(D)] <70.0000>：70

命令：*取消*

命令：O

OFFSET

当前设置：删除源=否　图层=源　OFFSETGAPTYPE=0

指定偏移距离或 [通过(T)/删除(E)/图层(L)] <10.0000>：25

选择要偏移的对象，或 [退出(E)/放弃(U)] <退出>：

指定要偏移的那一侧上的点，或 [退出(E)/多个(M)/放弃(U)] <退出>：

选择要偏移的对象，或 [退出(E)/放弃(U)] <退出>：*取消*

命令：C

CIRCLE

指定圆的圆心或 [三点(3P)/两点(2P)/切点、切点、半径(T)]：

指定圆的半径或 [直径(D)] <70.0000>：15

命令：*取消*

绘制结果如图 2-23 所示。

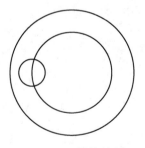

图 2-23　圆的绘制

命令：_arraypolar

选择对象：找到 1 个

类型 = 极轴　关联 = 是

指定阵列的中心点或 [基点(B)/旋转轴(A)]：

阵列设置如图 2-24 所示。

⊞ ▾ **ARRAY** 选择夹点以编辑阵列或 [关联(AS) 方法(M) 基点(B) 切向(T) 项目(I) 行(R) 层(L) 对齐项目(A) z 方向(Z) 退出(X)] <退出>：

图 2-24　阵列设置对话框

选择夹点以编辑阵列或 [关联(AS)/基点(B)/项目(I)/项目间角度(A)/填充角度(F)/行(ROW)/层(L)/旋转项目(ROT)/退出(X)] <退出>：i

输入阵列中的项目数或［表达式(E)］＜6＞：4

选择夹点以编辑阵列或［关联(AS)/基点(B)/项目(I)/项目间角度(A)/填充角度(F)/行(ROW)/层(L)/旋转项目(ROT)/退出(X)］＜退出＞：f

指定填充角度(＋＝逆时针、－＝顺时针)或［表达式(EX)］＜360＞：360

选择夹点以编辑阵列或［关联(AS)/基点(B)/项目(I)/项目间角度(A)/填充角度(F)/行(ROW)/层(L)/旋转项目(ROT)/退出(X)］＜退出＞：

命令：＊取消＊

命令：指定对角点或［栏选(F)/圈围(WP)/圈交(CP)］：

命令：_.erase 找到 1 个

命令：＊取消＊

阵列结果如图 2－25 所示。

命令：RO

ROTATE

UCS 当前的正角方向：ANGDIR＝逆时针   ANGBASE＝0

找到 1 个

指定基点：

指定旋转角度,或［复制(C)/参照(R)］＜0＞：45

命令：＊取消＊

图形绘制结束,如图 2－26 所示。

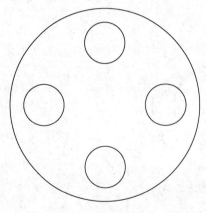
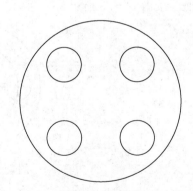

图 2－25   阵列结果   图 2－26   完成图形

拓展案例 2：根据提示要求完成如图 2－27 所示的多义线。

绘制要求：图中为一条多义线,A、B、C、D 四点在同一水平线上。线段 AB 线宽为 O,长度为 40；线段 BC 长度为 30,B 点线宽为 40,C 点线宽为 O；线段 CD 长度为 30,D 点线宽为 20,弧 DE 的宽度为 20,半径为 25；线段 CD 在 D 点与弧 DE 相切。

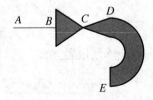

图 2－27   多义线

操作步骤

命令：PL

PLINE

指定起点：

当前线宽为 0.0000

指定下一个点或［圆弧(A)/半宽(H)/长度(L)/放弃(U)/宽度(W)］：＜正交 开＞w

指定起点宽度＜0.0000＞：0

指定端点宽度＜0.0000＞：0

指定下一个点或［圆弧(A)/半宽(H)/长度(L)/放弃(U)/宽度(W)］：l

指定直线的长度：40

指定下一点或［圆弧(A)/闭合(C)/半宽(H)/长度(L)/放弃(U)/宽度(W)］：w

指定起点宽度＜0.0000＞：40

指定端点宽度＜40.0000＞：0

指定下一点或［圆弧(A)/闭合(C)/半宽(H)/长度(L)/放弃(U)/宽度(W)］：l

指定直线的长度：30

指定下一点或［圆弧(A)/闭合(C)/半宽(H)/长度(L)/放弃(U)/宽度(W)］：w

指定起点宽度＜0.0000＞：0

指定端点宽度＜0.0000＞：0

指定下一点或［圆弧(A)/闭合(C)/半宽(H)/长度(L)/放弃(U)/宽度(W)］：l

指定直线的长度：0

指定下一点或［圆弧(A)/闭合(C)/半宽(H)/长度(L)/放弃(U)/宽度(W)］：w

指定起点宽度＜0.0000＞：0

指定端点宽度＜0.0000＞：20

指定下一点或［圆弧(A)/闭合(C)/半宽(H)/长度(L)/放弃(U)/宽度(W)］：l

指定直线的长度：30

指定下一点或［圆弧(A)/闭合(C)/半宽(H)/长度(L)/放弃(U)/宽度(W)］：a

指定圆弧的端点(按住 Ctrl 键以切换方向)或

［角度(A)/圆心(CE)/闭合(CL)/方向(D)/半宽(H)/直线(L)/半径(R)/第二个点(S)/放弃(U)/宽度(W)］：a

指定夹角：－180

指定圆弧的端点(按住 Ctrl 键以切换方向)或［圆心(CE)/半径(R)］：r

指定圆弧的半径：25

指定圆弧的弦方向(按住 Ctrl 键以切换方向)＜0＞：

指定圆弧的端点(按住 Ctrl 键以切换方向)或

［角度(A)/圆心(CE)/闭合(CL)/方向(D)/半宽(H)/直线(L)/半径(R)/第二个点(S)/放弃(U)/宽度(W)］：

＊取消＊

命令：＊取消＊

图形绘制结束，如图 2-28 所示。

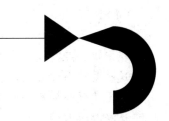

图 2-28　完成图形

2.5　实用案例五——图纸的幅面、标题栏的绘制

绘制案例

绘制如图 2-29 所示的图形。

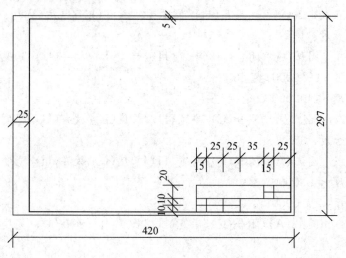

图 2-29　图纸幅面与标题栏

分析案例

在工程设计中,一个设计单位有基本固定的图纸幅面以及标题栏。

操作案例

命令: REC

RECTANG

指定第一个角点或 [倒角(C)/标高(E)/圆角(F)/厚度(T)/宽度(W)]: 0,0

指定另一个角点或 [面积(A)/尺寸(D)/旋转(R)]: @420,297

命令:

命令: X EXPLODE 找到 1 个

命令: O

OFFSET

当前设置: 删除源=否　图层=源　OFFSETGAPTYPE=0

指定偏移距离或 [通过(T)/删除(E)/图层(L)] <25.0000>: 5

选择要偏移的对象,或 [退出(E)/放弃(U)] <退出>:

指定要偏移的那一侧上的点,或 [退出(E)/多个(M)/放弃(U)] <退出>:

选择要偏移的对象,或 [退出(E)/放弃(U)] <退出>:

指定要偏移的那一侧上的点,或 [退出(E)/多个(M)/放弃(U)] <退出>:

选择要偏移的对象,或 [退出(E)/放弃(U)] <退出>:

指定要偏移的那一侧上的点，或 [退出(E)/多个(M)/放弃(U)] ＜退出＞：

选择要偏移的对象，或 [退出(E)/放弃(U)] ＜退出＞：

命令：OFFSET

当前设置：删除源＝否　图层＝源　OFFSETGAPTYPE＝0

指定偏移距离或 [通过(T)/删除(E)/图层(L)] ＜5.0000＞：25

选择要偏移的对象，或 [退出(E)/放弃(U)] ＜退出＞：

指定要偏移的那一侧上的点，或 [退出(E)/多个(M)/放弃(U)] ＜退出＞：

选择要偏移的对象，或 [退出(E)/放弃(U)] ＜退出＞：

命令：TR

TRIM

当前设置：投影＝UCS,边＝无

选择剪切边……

选择对象或 ＜全部选择＞：

选择要修剪的对象，或按住 Shift 键选择要延伸的对象，或
[栏选(F)/窗交(C)/投影(P)/边(E)/删除(R)/放弃(U)]：

选择要修剪的对象，或按住 Shift 键选择要延伸的对象，或
[栏选(F)/窗交(C)/投影(P)/边(E)/删除(R)/放弃(U)]：

选择要修剪的对象，或按住 Shift 键选择要延伸的对象，或
[栏选(F)/窗交(C)/投影(P)/边(E)/删除(R)/放弃(U)]：

选择要修剪的对象，或按住 Shift 键选择要延伸的对象，或
[栏选(F)/窗交(C)/投影(P)/边(E)/删除(R)/放弃(U)]：

选择要修剪的对象，或按住 Shift 键选择要延伸的对象，或
[栏选(F)/窗交(C)/投影(P)/边(E)/删除(R)/放弃(U)]：

选择要修剪的对象，或按住 Shift 键选择要延伸的对象，或
[栏选(F)/窗交(C)/投影(P)/边(E)/删除(R)/放弃(U)]：

选择要修剪的对象，或按住 Shift 键选择要延伸的对象，或
[栏选(F)/窗交(C)/投影(P)/边(E)/删除(R)/放弃(U)]：

选择要修剪的对象，或按住 Shift 键选择要延伸的对象，或
[栏选(F)/窗交(C)/投影(P)/边(E)/删除(R)/放弃(U)]：

选择要修剪的对象，或按住 Shift 键选择要延伸的对象，或
[栏选(F)/窗交(C)/投影(P)/边(E)/删除(R)/放弃(U)]：＊取消＊

命令：O

OFFSET

当前设置：删除源＝否　图层＝源　OFFSETGAPTYPE＝0

指定偏移距离或 [通过(T)/删除(E)/图层(L)] ＜25.0000＞：10

选择要偏移的对象，或 [退出(E)/放弃(U)] ＜退出＞：

指定要偏移的那一侧上的点，或 [退出(E)/多个(M)/放弃(U)] ＜退出＞：

选择要偏移的对象，或 [退出(E)/放弃(U)] ＜退出＞：

指定要偏移的那一侧上的点，或 [退出(E)/多个(M)/放弃(U)] ＜退出＞：

选择要偏移的对象,或〔退出(E)/放弃(U)〕<退出>:

指定要偏移的那一侧上的点,或〔退出(E)/多个(M)/放弃(U)〕<退出>:

选择要偏移的对象,或〔退出(E)/放弃(U)〕<退出>:

指定要偏移的那一侧上的点,或〔退出(E)/多个(M)/放弃(U)〕<退出>:

选择要偏移的对象,或〔退出(E)/放弃(U)〕<退出>:＊取消＊

命令:O

OFFSET

当前设置:删除源＝否　图层＝源　OFFSETGAPTYPE＝0

指定偏移距离或〔通过(T)/删除(E)/图层(L)〕<10.0000>:25

选择要偏移的对象,或〔退出(E)/放弃(U)〕<退出>:

指定要偏移的那一侧上的点,或〔退出(E)/多个(M)/放弃(U)〕<退出>:

选择要偏移的对象,或〔退出(E)/放弃(U)〕<退出>:

命令:OFFSET

当前设置:删除源＝否　图层＝源　OFFSETGAPTYPE＝0

指定偏移距离或〔通过(T)/删除(E)/图层(L)〕<25.0000>:15

选择要偏移的对象,或〔退出(E)/放弃(U)〕<退出>:

指定要偏移的那一侧上的点,或〔退出(E)/多个(M)/放弃(U)〕<退出>:

选择要偏移的对象,或〔退出(E)/放弃(U)〕<退出>:

命令:OFFSET

当前设置:删除源＝否　图层＝源　OFFSETGAPTYPE＝0

指定偏移距离或〔通过(T)/删除(E)/图层(L)〕<15.0000>:35

选择要偏移的对象,或〔退出(E)/放弃(U)〕<退出>:

指定要偏移的那一侧上的点,或〔退出(E)/多个(M)/放弃(U)〕<退出>:

选择要偏移的对象,或〔退出(E)/放弃(U)〕<退出>:

命令:OFFSET

当前设置:删除源＝否　图层＝源　OFFSETGAPTYPE＝0

指定偏移距离或〔通过(T)/删除(E)/图层(L)〕<35.0000>:25

选择要偏移的对象,或〔退出(E)/放弃(U)〕<退出>:

指定要偏移的那一侧上的点,或〔退出(E)/多个(M)/放弃(U)〕<退出>:

选择要偏移的对象,或〔退出(E)/放弃(U)〕<退出>:

指定要偏移的那一侧上的点,或〔退出(E)/多个(M)/放弃(U)〕<退出>:

选择要偏移的对象,或〔退出(E)/放弃(U)〕<退出>:

命令:OFFSET

当前设置:删除源＝否　图层＝源　OFFSETGAPTYPE＝0

指定偏移距离或〔通过(T)/删除(E)/图层(L)〕<25.0000>:15

选择要偏移的对象,或〔退出(E)/放弃(U)〕<退出>:

指定要偏移的那一侧上的点,或〔退出(E)/多个(M)/放弃(U)〕<退出>:

选择要偏移的对象,或〔退出(E)/放弃(U)〕<退出>:＊取消＊

命令:TR

TRIM

当前设置:投影＝UCS,边＝无

选择剪切边……

选择对象或 ＜全部选择＞:

选择要修剪的对象,或按住 Shift 键选择要延伸的对象,或

［栏选(F)/窗交(C)/投影(P)/边(E)/删除(R)/放弃(U)］:指定对角点:指定对角点:

选择要修剪的对象,或按住 Shift 键选择要延伸的对象,或

［栏选(F)/窗交(C)/投影(P)/边(E)/删除(R)/放弃(U)］:指定对角点:指定对角点:

选择要修剪的对象,或按住 Shift 键选择要延伸的对象,或

［栏选(F)/窗交(C)/投影(P)/边(E)/删除(R)/放弃(U)］:指定对角点:指定对角点:

不与剪切边相交。

不与剪切边相交。

不与剪切边相交。

选择要修剪的对象,或按住 Shift 键选择要延伸的对象,或

［栏选(F)/窗交(C)/投影(P)/边(E)/删除(R)/放弃(U)］:指定对角点:指定对角点:

不与剪切边相交。

不与剪切边相交。

不与剪切边相交。

选择要修剪的对象,或按住 Shift 键选择要延伸的对象,或

［栏选(F)/窗交(C)/投影(P)/边(E)/删除(R)/放弃(U)］:指定对角点:指定对角点:

不与剪切边相交。

选择要修剪的对象,或按住 Shift 键选择要延伸的对象,或

［栏选(F)/窗交(C)/投影(P)/边(E)/删除(R)/放弃(U)］: ＊取消 ＊

命令:

命令:指定对角点或［栏选(F)/圈围(WP)/圈交(CP)］:

命令: _.erase 找到 5 个

命令: ＊取消 ＊

图形绘制结束,如图 2－30 所示。

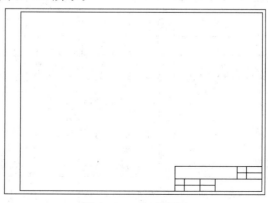

图 2－30　完成图形

案例总结

在绘制建筑图时,根据图面大小和比例要求,采用不同的图幅。《房屋建筑制图统一标准》规定的图幅有 A0、A1、A2、A3 和 A4 五种规格。其对应的图框尺寸如表 2-1 所示,根据图框尺寸绘制的标准图框如图 2-31 所示。

表 2-1　幅面及图框尺寸(mm)

尺寸代号 ＼ 幅面代号	A0	A1	A2	A3	A4
$b×l$	841×1189	594×841	420×594	297×420	210×297
c	10			5	
a	25				

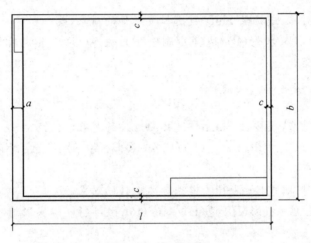

图 2-31　标准图框

当图纸较长,标准图幅幅面不够时,图纸长边(l 边)可以加长,但图纸短边一般不应加长。加长大小根据图纸长度及图幅规格,可按 1/8、1/4、1/2、3/4 和 1 等比例进行加长,如表2-2所示。比如标准 A2 号图纸图框尺寸为 420 mm×594 mm,加长一半的尺寸为 420 mm×891 mm。

表 2-2　图纸长边加长尺寸(mm)

幅面尺寸	长边尺寸	长边加长后尺寸								
A0	1 189	1 486	1 635	1 783	1 932	2 080	2 230	2 378		
A1	841	1 051	1 261	1 471	1 682	1 892	2 102			
A2	594	743	891	1 041	1 189	1 338	1 486	1 635	1 783	1 932	2 080
A3	420	630	841	1 051	1 261	1 471	1 682	1 892		

图纸以短边作为垂直边称为横式,以短边作为水平边称为立式。一般 A0～A3 号图纸宜横式使用;必要时,也可立式使用。如图 2-32、2-33 所示。

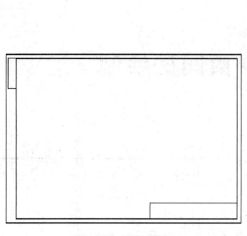

图 2－32　横式图框

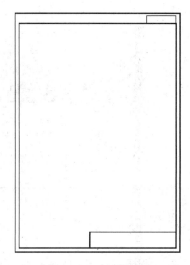

图 2－33　立式图框

　　绘图完毕出图之前,需要把工程名称、设计单位、图名、专业等相关信息填写在标题栏和会签栏内。

　　在实际建筑图设计工作中,不同规格尺寸的图框第一次制作好以后,重复调用。一般先把设计图绘制完成,然后根据图幅的大小将其插入相应规格的图框。

课后作业

(1) 使用图形界限 LIMITS 命令,设定绘图界限范围为 297 mm×210 mm(4 号图纸)。

(2) 绘制如图 2－34 所示图形,具体要求如下:(标注不用绘制)

① 按图中给出的圆点的坐标和半径,分别绘制出两个圆。

② 绘出该两圆的两条外公切线。

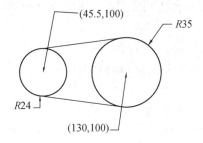

图 2－34　绘制图形

第 3 章　平面图的绘制

教学目标与要求

　◇　熟悉 AutoCAD 工程图中用户样板图的创建与调用；

　◇　综合运用 AutoCAD 命令与编辑功能绘制建筑工程平面图；

　◇　了解建筑工程平面图的绘图步骤；

　◇　合理运用 AutoCAD 命令与编辑功能，以提高绘制的精确度以及工作效率。

　　建筑施工图是在建筑工程设计初步方案的基础上进行修改和完善的，能够满足工程施工各项具体的要求的一系列图样的总称，一般包括建筑平面图、建筑立面图、建筑剖面图以及建筑详图。建筑平面图是用水平面将建筑物剖开得到的正投影图。建筑物每层平面的功能布局的不同导致空间组合不同，因此每一层的建筑平面图都应该画，但当中间某几层的功能完全一样时，可用标准层平面图来代替，并在图中做相应说明。因此，任何一个多层建筑都应该包括一层平面图、标准层平面图和屋顶平面图。

　　建筑平面图主要由轴线、墙线、门窗、尺寸标注、文字标注等部分组成，常见的平面图的绘制步骤一般包括以下几个方面：

　　(1) 绘图环境的设置(包括图形界限、单位、捕捉点设置、图层等)。

　　(2) 轴网的绘制。

　　(3) 主要建筑构件的绘制(如墙体、门窗、柱子等)。

　　(4) 细部建筑构件的绘制(如阳台、散水、台阶等)。

　　(5) 室内装饰布置的绘制(如家具、卫生洁具等)，室内家具及卫生洁具都比较通用，所以通常做成图块保存，需要调用时直接插入就可以了。

　　(6) 尺寸标注和文字标注。

3.1　实用案例一——绘制楼梯平面图

绘制案例

　　绘制如图 3-1 所示的楼梯平面图。

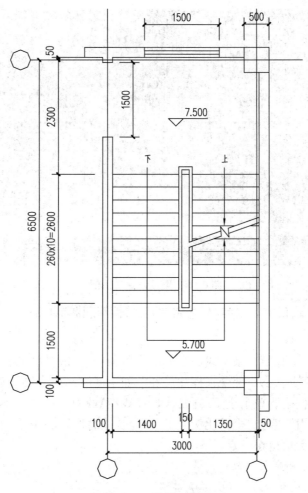

图 3-1 楼梯平面图

分析案例

楼梯平面图是建筑平面图中必不可少的部分,主要分为底层楼梯平面图、标准层楼梯平面图、顶层楼梯平面图。一般在楼梯平面图中要单独绘制楼梯详图。

操作案例

一、设置绘图环境

楼梯平面图

首先根据平面图中的基本对象类型建立几个基本图层,然后在绘图的过程中根据具体情况再增加图层。

(1)单击【图层】工具栏中的【图层特性】按钮,打开"图层特性管理器"对话框,依次新建"轴网""轴网标注""墙线""门窗""尺寸标注""文字标注"等六个基本图层,并分别定义颜色及线型。其中轴网图层线型定义为点划线"CENTER"线型,如图 3-2 所示。

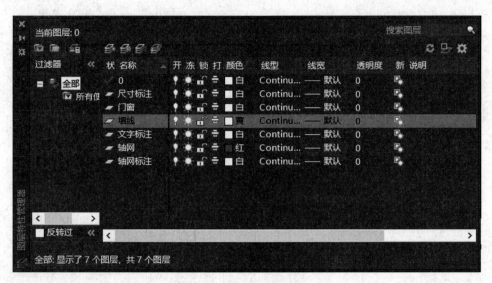

图 3 - 2　图层设置对话框

（2）将"轴网"图层设定为当前层，关闭"图层特性管理器"对话框。

二、绘制辅助轴线

用直线命令绘制垂直第一条轴线和水平第一条轴线，一般轴线的长度分别比平面图总宽度和总长度每边至少长出一部分来标注尺寸。如果此时画出的轴线显示实线，并非点划线，这是线型比例的问题。单击主菜单【格式】→【线型】选项，打开"线型管理器"对话框，单击右上角【显示细节】按钮，把"全局比例因子"改为合适的数值，一般长度比较大的数值相对大一点，长度较小的数值也小一点。

参考命令：_line 指定第一点：

指定下一点或 [放弃(U)]：@10000＜90

指定下一点或 [放弃(U)]：＊取消＊

命令：z

ZOOM

指定窗口的角点，输入比例因子（nX 或 nXP），或者

[全部(A)/中心(C)/动态(D)/范围(E)/上一个(P)/比例(S)/窗口(W)/对象(O)]＜实时＞：a

正在重生成模型。

命令：_line 指定第一点：

指定下一点或 [放弃(U)]：@5000＜0

指定下一点或 [放弃(U)]：＊取消＊

单击【修改】工具栏中的【偏移】按钮，按平面图中开间、进深的尺寸偏移出其他轴线，如图 3 - 3、3 - 4 所示。

图 3-3   轴线绘制

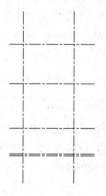

图 3-4   轴线偏移

命令：_offset

指定偏移距离或［通过(T)］＜通过＞：100

选择要偏移的对象或 ＜退出＞：

指定点以确定偏移所在一侧：

选择要偏移的对象或 ＜退出＞：

指定点以确定偏移所在一侧：

选择要偏移的对象或 ＜退出＞：

运用偏移命令以及复制修改命令完成墙体以及门、窗、柱子等图形,如图 3-5、3-6、3-7 所示。

命令：_copy 找到 4 个

指定基点或位移：指定位移的第二点或 ＜用第一点作位移＞：

指定位移的第二点：＊取消＊

完成局部图形如图 3-8 所示。

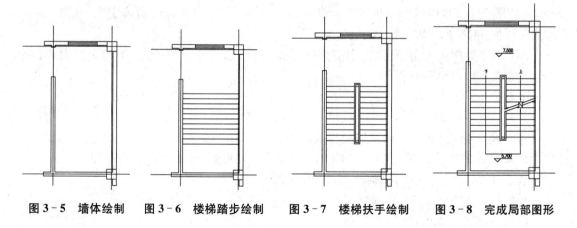

图 3-5   墙体绘制   图 3-6   楼梯踏步绘制   图 3-7   楼梯扶手绘制   图 3-8   完成局部图形

案例总结

一、删除命令

启动 Erase 命令后,命令行给出"Select objects"：提示,提示用户选择需要删除的实体。

在"选择对象："提示下，可选择实体进行删除。也可以使用之前案例讲过的 Crossing 或 Window 方式来选择要删除的实体。

在不执行任何命令的状态下，分别单击选中所要删除的实体，用键盘上的"Delete"键，也可删除实体。

"Delete"是 Windows 系统的通用删除键，"E"是 AutoCAD 专用的删除快捷命令。

二、建筑图墙体的画法

绘制墙线常用的方法有两种：

第一种是轴线偏移法，直接把轴线往两侧偏移，利用轴线绘制墙线。

另一种是多线绘制法，设定好多线的宽度，捕捉轴线交点直接绘制墙线，不需要设置辅助轴线。

1. 轴线偏移法

（1）单击【修改】工具栏中的【偏移】按钮，选择有墙处轴线，偏移出轴线左右墙。一般外墙为 370 mm 墙，轴线外侧偏移 250 mm，轴线内侧偏移 120 mm；如果内墙均为 240 mm 墙，则轴线两侧各偏移 120 mm。

（2）双击任意一条偏移出的墙线，在特性管理器里将其图层改为墙线层。再单击【特性】工具栏中的【特性匹配】按钮，选择刚才的墙线，把特性赋给其他墙线。

（3）用【修剪】、【倒角】等命令，修改墙线交点。

2. 多线绘制法

（1）选择下拉菜单【格式】→【多线样式】选项，单击【新建】按钮，新建一个 370 mm 外墙多线样式 W37，按【继续】按钮，打开"新建多线样式"对话框，将"封口"选项框中直线的"起点"和"端点"都设置为封闭，将"图元"选项框中偏移量 0.5 改为 250，-0.5 改为-120，然后确定。

（2）选择下拉菜单【格式】→【多线样式】选项，单击【新建】按钮，再新建 240 mm 内墙多线样式 W24，按【继续】按钮，打开"新建多线样式"对话框，将"封口"选项框中直线的"起点"和"端点"都设置为封闭，将"图元"选项框中偏移量 250 改为 120，点击"确定"。此时，多线样式对话框中新增了 W37 和 W24 两种多线样式。

（3）将多线样式 W37 设置为当前多线样式，当前图层改为墙线层，单击下拉菜单【绘图】→【多线】选项，命令行提示：

命令：_mline

当前设置：对正 = 上，比例 = 20.00，样式 = W37

指定起点或 ［对正(J)/比例(S)/样式(ST)］:j(回车)

输入对正类型 ［上(T)/无(Z)/下(B)］＜上＞: z(回车)

当前设置：对正 = 无，比例 = 20.00，样式 = W37

指定起点或 ［对正(J)/比例(S)/样式(ST)］: s(回车)

输入多线比例 ＜20.00＞: 1(回车)

当前设置：对正 = 无，比例 = 1.00，样式 = W37

将多线对正类型设置为"无"，比例设置为"1"，捕捉外墙轴线交点按顺时针方向绘制外墙线。同样的方法将多线样式 W24 设置为当前多线样式，绘制内墙线。

双击多线打开"多线编辑工具"，把墙与墙的交点修改为开口式，如图 3-9 所示。

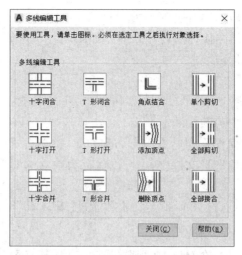

图 3 - 9　多线编辑工具对话框

（4）修改墙线，绘制图形结束。

三、建筑平面图门窗的画法

门窗绘制方法有很多，下面介绍图块插入法。

1. 创建门窗图块

（1）将图层改为门窗图层，绘制一个长宽尺寸为单位长度的门和窗，如图 3 - 10 所示。

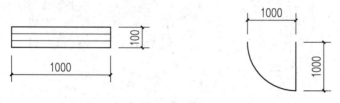

图 3 - 10　门窗图块

（2）单击【绘图/块】菜单项，单击【创建】按钮，出现"块定义"对话框，块名称输入"C1"，点击"拾取点"按钮，选择窗图形的左侧中点，点击"选择对象"按钮，选择窗图形，点击"确定"按钮完成窗图块"C1"的制作。

（3）相同的方法制作门图块"M1"。

2. 插入门窗图块

（1）单击【插入】菜单中的【块】按钮，图块名称选择"C1"，点击"确定"按钮，这时命令行提示：

命令：_insert

指定插入点或 [基点(B)/比例(S)/X/Y/Z/旋转(R)]：x

指定 X 比例因子 <1>：1.8

指定插入点或 [基点(B)/比例(S)/X/Y/Z/旋转(R)]：y

指定 Y 比例因子 <1>：3.7

指定插入点或 [基点(B)/比例(S)/X/Y/Z/旋转(R)]：900

鼠标对准窗左侧轴线交点，在自动显示捕捉到轴线交点后，光标向右水平移动，再用键盘输入偏移量 900，回车。

（2）使用移动命令把插入的窗块在 Y 方向移动到位。

（3）相同的方法插入门图块。但要注意的是如果墙线是用偏移轴线的方法的绘制的，那最好先把门洞留出，再插入门图块。

案例拓展

拓展案例：图块与外部参照。

块是将若干相关的几何图形组合在一起，形成的一个单一的、能够重复多次引用的对象。块可以仅仅存在于当前图形文件中，也可以保存为独立的图形文件。块的操作包括块的创建、块的插入等。

块的创建有两种命令：通过"Block"定义块和通过"WBlock"写块。

一、通过"Block"定义块

启动命令后，弹出对话框，在对话框中设置块的名称、基点等，单击"选择对象"按钮，在屏幕中选择对象。具体可以参照本章节拓展 2。

二、写块

输入"WB"来启动写块命令，弹出"写块"对话框如图 3-11 所示。

图 3-11　写块对话框

在对话框中设置基点，单击"选择对象"按钮，在屏幕中选择对象，在"文件名和路径"中选择块的保存路径和名称。

写块得到的块，其他文件也可以引用到。

1. 块的插入

启动插入块命令：

① 选择菜单"插入/块"；

② 键盘输入"I"，回车；

③ 单击"绘图"工具条插入块的图标按钮。

启动命令后可以打开插入块对话框如图 3 - 12 所示。

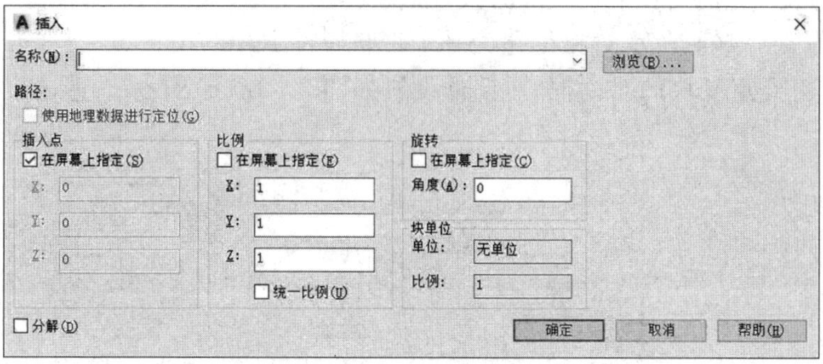

图 3 - 12　插入块对话框

在对话框中找到需要引用的块的名称,确定后,在屏幕中指定插入点。

2. 块的属性

块的属性是与块相关联的文字信息,例如:机械工程图上的表面粗糙度标注中,表面粗糙度的值为 1.6、3.2、12.5 等。属性定义是创建属性的样板,它指定属性的特性及插入块时将显示的提示信息。定义了属性后,块就是一个带有属性的块。在插入块时,属性就会根据提示,自动赋予到块所在的当前图形中。

要创建一个带有属性的块,在创建块之前,需要先为块定义一个属性。

启动命令:

(1) 在命令行中输入简捷命令"Att"回车;

(2) 选择菜单"绘图/块/定义属性"。

启动命令后,弹出"属性定义"对话框,如图 3 - 13 所示。在对话框中设置属性的模式、标记、提示、默认值、对正方式、文字样式以及文字高度等。确定后在屏幕中指定位置。

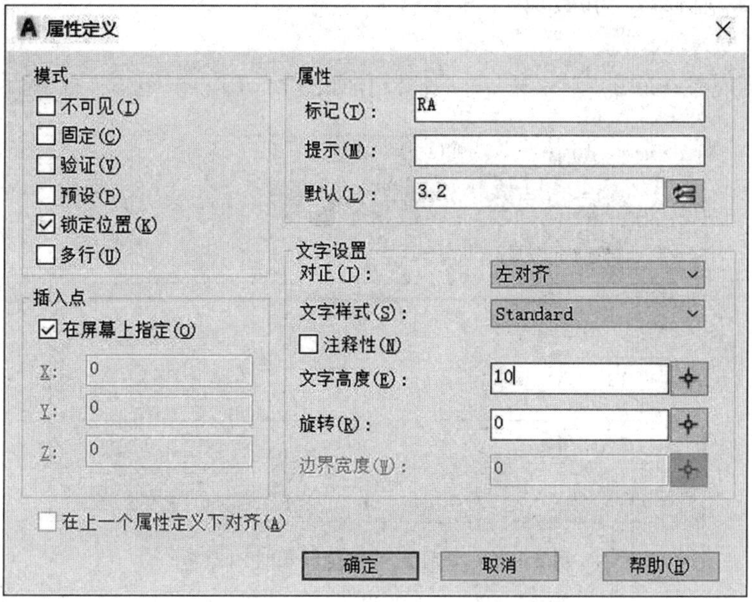

图 3 - 13　属性定义对话框

3. 属性块的应用

属性定义完成后,需要在创建块的时候,与构成块的对象一起选择,才能成为块的一部分。

例:将如图 3-14(a)所示对象创建为一个带有属性 RA 的块。

输入"B",打开定义块的对话框,对话框设置如图 3-14(b)所示。

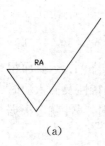

（a）

（b）

图 3-14 块定义对话框

基点拾取为表面粗糙度符号最下端点。按如图 3-14(b)所示,选择构成块的对象以及块的属性。在对话框中单击"确定"按钮,完成块的创建。因为在创建块的对话框中,"对象"下方选择的是"转化为块"选项,即绘图窗口中的图形也转化成为块了,所以,我们会发现图中原来的"RA"已变成了其缺省值 3.2。

启动编辑属性值的命令:

(1) 选择菜单"修改/对象/属性/单个";

(2) 输入"ED",回车。

弹出"增强属性编辑器"对话框,对话框操作如图 3-15、3-16、3-17 所示。

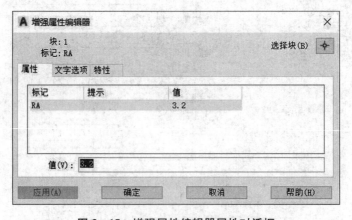

图 3-15 增强属性编辑器属性对话框

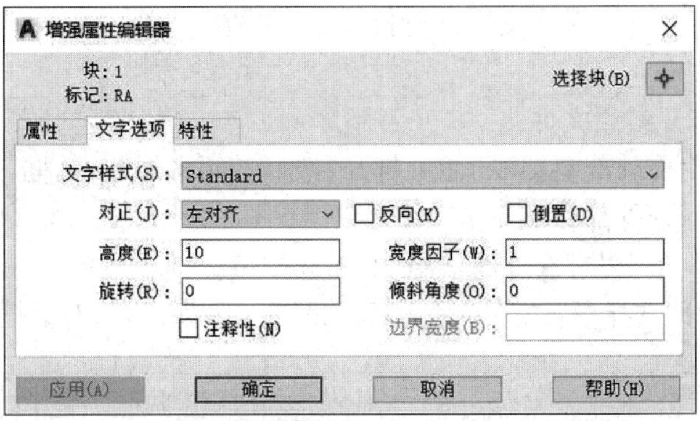

图 3‐16　增强属性编辑器文字选项对话框

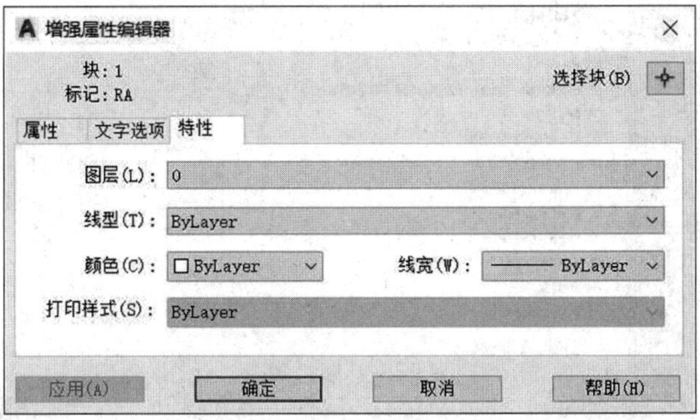

图 3‐17　增强属性编辑器特性对话框

4. 块属性的编辑

选择菜单"修改/对象/属性/块属性管理器",可以弹出"块属性管理器"对话框,对话框操作如图 3‐18 所示。

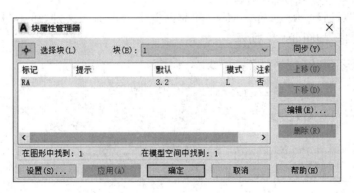

图 3‐18　块属性管理器对话框

5. 外部参考

外部参照是把已存在的图形文件插入到当前图形文件中的操作。被插入图形的信息并不被插入到主图形中,主图形文件只是记录参照关系,对主图形的操作不会改变外部参照图形文件的内容。

使用外部参照可以将一些简单的子图形组成一个复杂的主图形,也可以用多个零件图形拼装成一个装配图形。对子图形进行修改时,主图形不会发生改变,只有在主图形被重新打开后才会发生改变。

两种方法可以打开参照文件:

(1) 通过启动"附着外部参照"的命令打开"选择参照文件"对话框:

① 选择菜单"插入/外部参照";

② 单击参照工具条上"附着外部参照"的图标按钮。

启动命令后,打开"选择参照文件"对话框,如图 3‐19 所示,从对话框中选择参照文件。

图 3‐19 选择参照文件对话框

(2) 通过"外部参照选项板"打开"选择参照文件"对话框,单击"参照"工具条上"外部参照"图标按钮,打开"外部参照选项板"。

"外部参照"对话框:从"选择参照文件"对话框中选定参照文件,单击"打开",系统弹出"外部参照"对话框,如图 3‐20 所示。

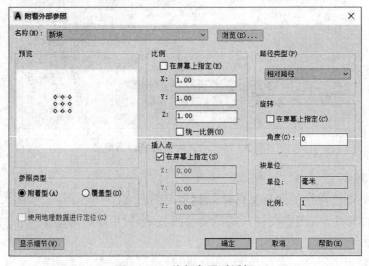

图 3‐20 外部参照对话框

6. 编辑外部参照

由于附着外部参照文件不能算是当前文件的一部分，所以不能用二维图形的编辑命令来编辑主图形中的参照文件部分，而且也不能用来分解参照部分。

修改附着外部参照文件可以单独打开参照图形，在图形中修改，修改后保存。修改的信息可传递到插入此图形文件为参照文件的主件中。

此外，还有下列方式可以对外部环境参照进行操作：

（1）绑定外部参照

单击"绑定"按钮，弹出"绑定外部参照"对话框，如图 3-21 所示，单击"确定"即可。

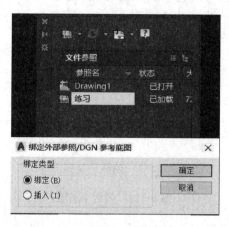

图 3-21　绑定外部参照对话框

绑定外部参照后，相当于外部参照文件成为主图形文件的一部分，所以可以将其进行分解，然后可以用二维图形编辑命令进行编辑。

（2）剪裁外部参照

外部参照可以通过剪裁命令，将其剪成所需要的形状。

① 启动命令：a. 选择菜单"修改/剪裁/外部参照"；b. 单击"参照"工具条上"剪裁"图标按钮。

② 启动命令后，选择要剪裁的外部参照，选择后单击右键确认。

③ 新建边界。

④ 选择边界形状。命令行提示为选择边界形状："选择多段线(S)/多边形(P)/矩形(R)"＜矩形＞。

输入"S"回车，用多段线的方式划定边界；输入"P"回车，用多边形的方式划定边界；缺省则为矩形，直接回车，从屏幕中拾取两点，两点生成矩形。矩形框内的部分为剪裁后要保留的部分，图形与文字为一个外部参照，框选保留图形部分。

3.2　实用案例二——绘制局部阳台平面图

绘制案例

绘制如图 3-22 所示的阳台平面图。

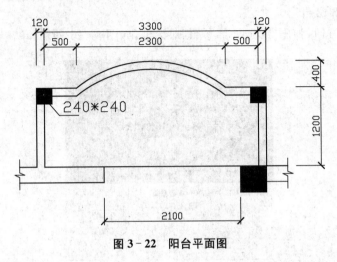

图 3-22　阳台平面图

分析案例

绘制该阳台圆弧段的时候，要用偏移和延伸命令，而不用复制命令。

操作案例

一、绘图环境的设置

1. 设置绘图单位

设置绘图单位的方法有如下几种：

（1）选择"格式/单位"命令。

（2）在命令行中输入"UNITS/DDUNITS/UN"命令。

执行上面任意一种方法后，打开"图形单位"对话框，如图 3-23 所示。

点击"方向"按钮，出现如图 3-24 所示对话框。

单击"确定"按钮，完成图形单位的设置。

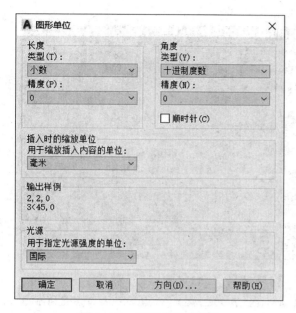

图3-23 图形单位对话框

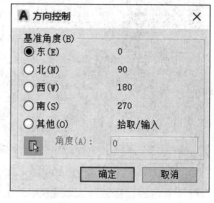

图3-24 方向对话框

2. 设置绘图界限

设置绘图界限命令有如下几种调用方法:

(1) 选择"格式/图形界限"命令。

(2) 在命令行中输入"LIMITS"命令。

命令:_limits

重新设置模型空间界限:

指定左下角点或［开(ON)/关(OFF)］<0,0>:/

指定右上角点 <420,297>:5000,3000

命令:z

ZOOM

指定窗口的角点,输入比例因子（nX 或 nXP),或者

［全部(A)/中心(C)/动态(D)/范围(E)/上一个(P)/比例(S)/窗口(W)/对象(O)］<
实时>:a

正在重生成模型。

我们要绘制一张出图比例是 1∶50 的建筑图,用计算机绘图时,就需要将图形放大 50
倍左右。可以先按照 1∶1 比例在放大了的图形界限上绘图,在打印出图时再将图形缩小
50 倍。

将图形界限放大后,要随即用缩放命令将屏幕显示放大到全部。否则图形界限放大了,
但是屏幕依然是原来的大小。

3. 设置图层以及线型

如图 3-25 所示。

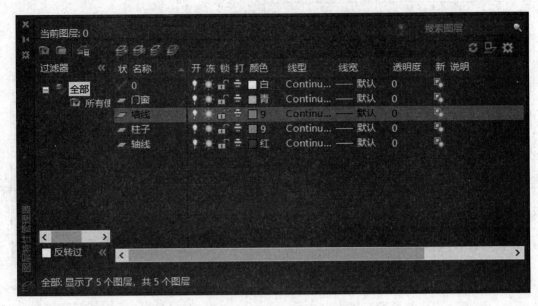

图 3 - 25　图层设置对话框

二、阳台平面图的绘制

1. 绘制轴网

绘制轴网，如图 3 - 26 所示。

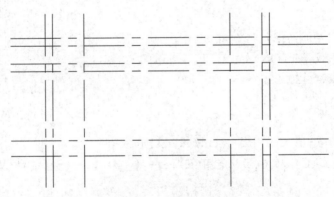

图 3 - 26　轴网绘制

一般轴网只是大致形状，可以根据情况对轴网进行调整。为了避免绘制好的轴网在以后的绘图过程中被修改，以及方便以后的标注，我们可以锁定该图层。

绘制墙体门窗如图 3 - 27 所示。

命令：_arc 指定圆弧的起点或 [圆心(C)]:/

指定圆弧的第二个点或 [圆心(C)/端点(E)]:/

指定圆弧的端点:/

命令：_offset

指定偏移距离或 [通过(T)] <通过>：120

选择要偏移的对象或 <退出>:/

指定点以确定偏移所在一侧:/

选择要偏移的对象或＜退出＞：＊取消＊

命令：_extend

当前设置:投影＝UCS,边＝无

选择边界的边…

选择对象：找到 1 个

选择对象：

选择要延伸的对象,或按住 Shift 键选择要修剪的对象,或［投影(P)/边(E)/放弃(U)］：

选择要延伸的对象,或按住 Shift 键选择要修剪的对象,或［投影(P)/边(E)/放弃(U)］：

选择要延伸的对象,或按住 Shift 键选择要修剪的对象,或［投影(P)/边(E)/放弃(U)］：

＊取消＊

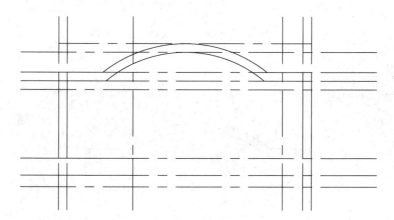

图 3‑27　墙体门窗绘制

2. 绘制柱子

绘制柱子,如图 3‑28 所示。

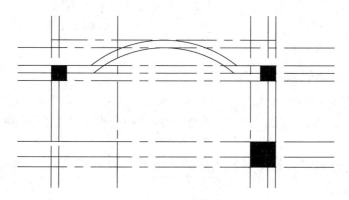

图 3‑28　柱子的绘制

命令：_polygon 输入边的数目 ＜4＞：

指定正多边形的中心点或［边(E)］：e

指定边的第一个端点：指定边的第二个端点：@240,0

命令：_polygon 输入边的数目 ＜4＞：

指定正多边形的中心点或［边(E)］：e

指定边的第一个端点：指定边的第二个端点：

命令：

BHATCH

选择内部点：正在选择所有对象…

正在选择所有可见对象…

正在分析所选数据…

正在分析内部孤岛…

选择内部点：

正在分析内部孤岛…

命令：_copy 找到 2 个

指定基点或位移：指定位移的第二点或 ＜用第一点作位移＞：

指定位移的第二点：＊取消＊

(3) 局部修改以及整理

局部修改以及整理后，如图 3－29 所示。

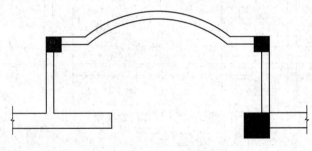

图 3－29　完成图形

图形绘制结束。

案例总结

一、圆弧(ARC)的绘制

圆弧的绘制具有方向性，逆时针旋转的角度为正，顺时针旋转的角度为负。AutoCAD 提供了 11 种绘制圆弧的方法，如图 3－30 所示的菜单列出了所有方法，缺省方法为三点法绘制圆弧。

三点法是通过指定圆弧上的三点(起点、中间任意一点及终点)来确定一段圆弧的方法。

图 3 - 30　绘制圆弧的方法菜单

下面两种途径均可启动命令完成绘制。

（1）点击"绘图"工具条面板上"圆弧"图标按钮，或键盘输入"A"回车。根据命令行提示，确定圆弧的起点，命令行提示：指定圆弧的第二个点或［圆心（C）/端点（E）］。

输入"E"选项回车，命令行提示：指定圆弧的端点。指定端点后，命令行提示：指定圆弧的圆心或［角度（A）/方向（D）/半径（R）］。输入"R"选项回车，命令行提示：指定圆弧的半径。输入圆弧半径值或屏幕拾取点，该点与端点的距离确定圆弧半径，完成圆弧。

（2）选择菜单"绘图/圆弧/起点、端点、半径"，启动命令，根据命令行提示分别拾取或输入起点、端点位置，输入圆弧半径值或屏幕拾取点，该点与端点的距离确定圆弧半径，完成圆弧。

注：运用起点、端点、半径法绘制圆弧时，除了注意圆弧按逆时针旋转为正外，还得注意所画的圆弧是优弧（大半弧）还是劣弧（小半弧）。在输入半径时，输入正值的半径为劣弧，输入负值的半径为优弧。

（3）起点、圆心、端点：指定圆弧的起点、圆心和端点的方法绘制圆弧。

（4）起点、圆心、角度：指定圆弧的起点、圆心和所包含角度的方法绘制圆弧。

（5）起点、圆心、长度：指定圆弧的起点、圆心和弦长的方法绘制圆弧。

（6）起点、端点、角度：指定圆弧的起点、端点和所包含角度的方法绘制圆弧。

（7）起点、端点、方向：指定圆弧的起点、端点和方向的方法绘制圆弧。

（8）圆心、起点、端点：指定圆弧的圆心、起点和端点的方法绘制圆弧。

（9）圆心、起点、角度：指定圆弧的圆心、起点、角度的方法绘制圆弧。

（10）圆心、起点、长度：指定圆弧的圆心、起点和弦长的方法绘制圆弧。

（11）继续 ：只能通过菜单启动命令："绘图/圆弧/继续"。

二、延伸命令、拉伸命令、拉长命令

1. 延伸对象

延伸命令相当于修剪命令的逆命令。修剪是将对象沿某条边界剪掉，延伸则是将对象伸长至选定的边界。两个命令在使用操作方法上相同。

启动命令：

（1）选择菜单"修改/延伸"；

（2）单击"修改"工具条或面板"延伸"图标；

（3）键盘输入简捷命令"Ex"回车。

操作方法：启动命令→选择延伸到的边界，选择完毕后确认→选择需延伸对象。

如图 3－31,3－32 所示。若需要延伸两平行水平细实线间的三段线条至两条平线的位置，则启动命令后，选择两条水平平行线为延伸边界，右键确认，边界选中后呈虚线，再选择需要延伸的部分（拾取选择中间三段线条的两端，每拾取一段，就伸长一段）。

图 3－31　延伸前图形　　　　　　　　图 3－32　延伸后图形

可被延伸的对象包括圆弧、椭圆弧、直线、开放的二维多段线和三维多段线以及射线。样条曲线不能被延伸。

可以被选作有效的边界对象包括二维多段线、三维多段线、圆弧、块、圆、椭圆、布局视口、直线、射线、面域、样条曲线和构造线。

2. 拉伸对象

启动命令：（1）选择菜单"修改/拉伸"；（2）单击"修改"工具条或面板"拉伸"图标；（3）键盘输入"S"回车。

操作：启动命令→选择拉伸对象，完毕后确认→选择缩放基点→指定第二点。

屏幕中选择对象，一次只能选择拉伸一个对象。拉伸对象时，只能选择对象中需要拉伸的部分，不能将对象全部选择；若全部选择，则成移动对象。因此，需要采用窗交的选择方式。

3. 拉长对象

拉长对象可以调整非封闭对象大小，使其在一个方向上按比例增大或缩小。可以通过移动端点、顶点或控制点来拉伸某些对象，可以更改圆弧的包含角和某些对象的长度，还可以修改开放直线、圆弧、开放多段线、椭圆弧和开放样条曲线的长度。

启动命令：（1）选择菜单"修改/拉长"；（2）键盘输入"Len"回车。

选项：

（1）增量　　输入"DE"按"Enter"键，选择长度增量或角度增量，输入长度或角度的增量值。

（2）百分数　　输入"P"回车，通过指定对象增加后的总长度为原长度的百分数来设置对象长度。

（3）全部　　输入"T"回车，通过指定编辑完成后对象的长度或角度值来设定拉长的方法，即不论拉长前的长度或角度是多少，只在操作中输入加长后的值。

（4）动态　　输入"DY"回车，打开动态拖动模式。

三、正多边形（POLYGON）的绘制

AutoCAD 提供了三种类型的正多边形的画法。

1. 内接于圆的正多边形画法

操作方法:启动多边形的命令→给定多边形边数按"Enter"键确认→指定正多边形的中心点→输入"I"选项,选择多边形内接于圆的画法→确定多边形外接圆的半径。

指定正多边形中心点的方法:

(1) 输入正多边形中心点的坐标值;

(2) 屏幕拾取一点作为多边形的中心点。

确定多边形外接圆的半径的方法:

(1) 输入正多边形外接圆的半径值;

(2) 在屏幕中拾取两点,两点间的距离即为多边形外接圆的半径。

2. 外切于圆的正多边形画法

操作方法:启动多边形的命令→给定多边形边数按"Enter"键确认→指定正多边形的中心点→输入"C"选项,选择多边形外切于圆的画法→确定多边形内切圆的半径。

指定正多边形中心点的方法:

(1) 输入正多边形中心点的坐标值;

(2) 屏幕拾取一点作为多边形的中心点。

确定多边形内切圆的半径的方法:

(1) 输入正多边形内切圆的半径值;

(2) 在屏幕中拾取两点,两点间的距离即为多边形内切圆的半径。

3. 根据边绘制正多边形

操作方法:启动多边形的命令→给定多边形边数按"Enter"键确认→输入"E"选项,选择确定边的画法→多边形一条边的一个顶点→这条边的另一个顶点。

指定边的顶点的方法:

(1) 拾取点;

(2) 输入点的坐标值。

四、图案填充

图案填充在工程图纸中表达了一些特殊质地的剖切层面,例如,金属剖切面用 45°的细实斜线表示。在 AutoCAD 中,图案填充是将事先设好的封闭图形作基本图形元素,填入一种表达一定意义的图案。

启动命令打开"图案填充"对话框:

(1) 选择菜单"绘图/图案填充";

(2) 输入"H"或"BH"回车;

(3) 单击"绘图"工具条"图案填充"图标。

打开对话框如图 3-33 所示。在对话框中设置图案特性,在屏幕中选择要填充的对象。

图 3 – 33 图案填充对话框

1. 边界

(1) 添加点：以拾取点的方式确定填充图案的边界。

(2) 添加选择对象：以选取对象的方式确定填充图案的边界。

(3) 删除边界：从边界定义中删除以前添加的任何对象。

(4) 重新创建边界：围绕选定的图案填充或填充对象创建多段线或面域。

(5) 查看选择集：在用户失去了要填充的区域后，单击该按钮，可以返回到绘图屏幕查看填充区域的边界，单击鼠标右键返回对话框。

2. 选项

关联性（Associative）是指确定填充图样与边界的关系。当用于定义区域边界的实体发生移动或修改时，该区域内的填充图样将自动更新，重新填充新的边界。

非关联性（No associative）是指填充图样与边界没有关联关系，即图样与填充区域边界是两个独立实体。

绘图次序（绘图 order）是指填充图案的绘图顺序。

3. 继承特性

用户可选用图中已有的填充图样作为当前的填充图样，相当于格式刷。

4. 孤岛

(1) 孤岛检测：确定是否检测孤岛。在进行图案填充时，把总位于总填充区域内的封闭区域称为孤岛。

(2) 孤岛显示：确定图案的填充方式。

5. 边界保留

指定是否将边界保留为对象，并确定应用于边界对象的对象类型是多段线还是面域。

6. 边界集

用于定义边界集。

7. 允许的间隙

设置将对象用作图案填充边界时可以忽略的最大间隙。默认值为 0，此值说明指定对象必须是封闭区域而且没有间隙。

8. 继承选项

使用 Inherit Properties 创建图案填充时,控制图案填充原点的位置。

图 3 - 34

选择菜单"修改/对象/图案填充",启动图案填充编辑命令,选择需要修改的图案填充,弹出编辑图案填充的对话框,如图 3 - 34 所示。可见图案的编辑对话框和填充对话框基本相同,只是有些功能不能显示而已。

在对话框中,重新设置图案的特性,确定,即可更改先前填充的图案。

3.3　实用案例三——绘制简单建筑平面图

绘 制 案 例

绘制如图 3 - 35 所示的泵房建筑平面图。

分 析 案 例

本案例绘制的是某泵房建筑平面图。要求大家按照绘制平面图的步骤来绘制,否则精确度和绘图效率都会下降。

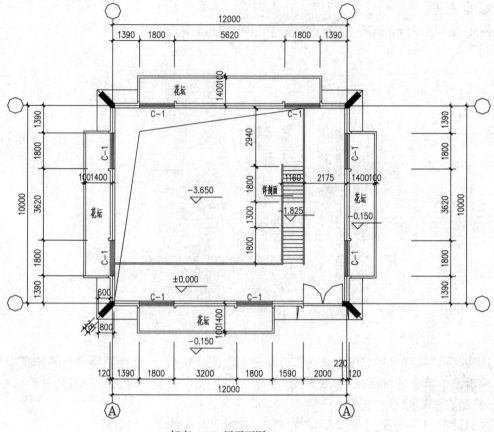

标高±0.000 层平面图 1:100

图 3-35　泵房建筑平面图

操作案例

一、绘图环境的设置

1. 设置绘图单位(如图 3-36 所示)

泵房建筑平面图

图 3-36　图形单位设置

2. 设置绘图界限

命令：_limits

重新设置模型空间界限：

指定左下角点或［开(ON)/关(OFF)］＜0.0000,0.0000＞:/

指定右上角点 ＜420.0000,297.0000＞：30000,20000

3. 设置图层以及线型

图层设置如图 3 – 37 所示。

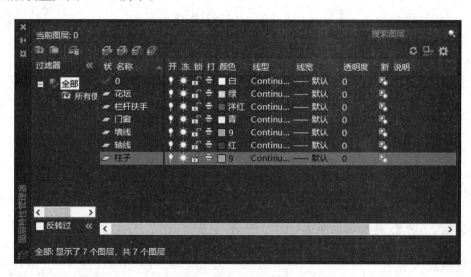

图 3 - 37　图层设置

线型设置如图 3 – 38 所示。

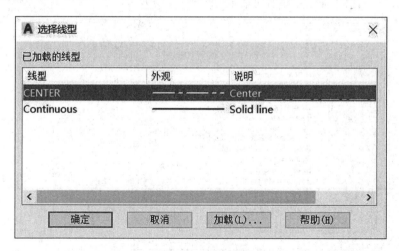

图 3 - 38　线型设置

绘图工作中,我们首先对建筑图所需要的一些基本内容进行了设置。遇到需要用到相似的设置时,我们希望能够直接调用最好,可以避免重复性的设置,减少工作量,提高效率。我们主要通过样板文件的途径来制作模板以及调用模板。

二、平面图的绘制

1. 绘制轴网

绘制轴网如图 3-39(a)所示。

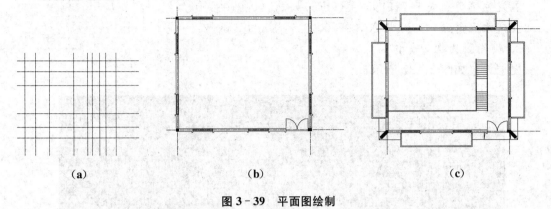

    （a）   **（b）**   **（c）**

图 3-39 平面图绘制

2. 绘制墙体门窗

绘制墙体门窗如图 3-39(b)所示。

3. 绘制扶手、散水、花坛

绘制扶手、散水、花坛等如图 3-39(c)所示。

案例总结

一、建立样板文件

执行"文件/另存为"命令，弹出对话框，如图 3-40 所示。

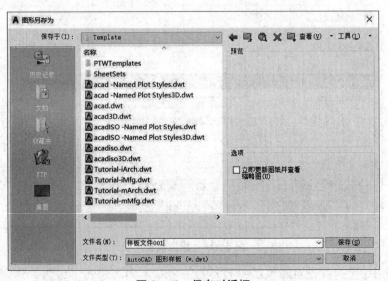

图 3-40 保存对话框

输入文件名：样板文件 001，选择文件类型为 AutoCAD 图形样板（ * . dwt），选择目录：
C:\Documents and Settings\Administrator\Local Settings\Application Data\Autodesk\

AutoCAD 2019\R16. 1\chs\Template。

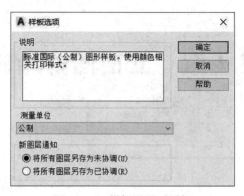

图 3‑41 样板说明对话框

二、样板文件的调用

保存好的样板文件的调用与打开一般的 AutoCAD 文件一样简单。

执行"文件/打开"命令，弹出对话框，如图 3‑42 所示。

图 3‑42 样板文件的调用

课后作业

（1）按照要求完成图形的绘制。

要求：作一边长为 70 的正六边形，作出正六边形的内切圆和外接圆。

（2）按照绘图步骤以及建筑平面图的绘制要求绘制附表一中的平面图。

第4章 立面图的绘制

教学目标与要求

◇ 熟悉 AutoCAD 工程图中建筑立面图与建筑平面图以及下一章节的建筑剖面图三者之间的空间关系；

◇ 综合运用 AutoCAD 命令与编辑功能绘制建筑工程立面图；

◇ 合理运用 AutoCAD 命令与编辑功能，以提高绘制立面图的精确度以及工作效率。

一栋建筑物有多个外立面。人们通常把反映建筑的主要出入口及反映房屋外貌主要特征的立面图称为正立面图，其余的立面图相应地称为背立面图和侧立面图。有时也可按房屋的朝向来为立面图命名，如南立面图、北立面图、东立面图和西立面图等。

建筑立面图是建筑物在与建筑物立面平行的投影面上投影所得到的正投影图。建筑立面图主要反映建筑物的外形外貌和外墙面装饰材料及颜色的要求，建筑物施工中进行高度控制的技术要求。原则上，东西南北每一个立面都要画出。但是，当各侧面立面图比较简单或者有相同的立面时，可以只绘制出主要的立面图。当建筑物有曲线或者折线形的侧面时，可以将曲线或者折线形的侧面绘制成展开立面图，以反映各个部分实际形状。

有定位轴线的建筑物，一般宜根据立面图两端的轴线编号来为立面图命名。

绘制建筑立面图的方法因人而异，根据绘图人员的习惯灵活采用。常用的方法有两种，一是新建立面图文件，建立图层，根据平面图尺寸绘制立面图；二是直接在平面图文件里从平面图关键点引出对齐线，绘制出立面图的整体框架，再进行细化。

无论采用哪种方法，建筑立面图的数据主要体现在高度上，而水平尺寸必须要结合建筑平面图，包括下一章节的剖面图，这三者之间是相辅相成的，共同组合成一个建筑物的空间尺寸。

1. 方法一

用 CAD 2019 绘制建筑立面图时，同绘制平面图一样，将立面图分成主要的几个部分，把每个部分分别画在不同的图层上，并设定不同的颜色和线型。

(1) 设置绘图环境以及图层

① 新建立面图文件，参照建筑平面图绘制时相应绘图环境的设置，建立轴线、墙线、门窗、尺寸标注、文字标注等基本图层，并设定颜色和线型。

② 点击主菜单→【格式】→【线型】菜单项，把线型比例改为适当值。

（2）绘制定位轴线

当前层改为轴线层，使用直线命令绘制出一轴，再用偏移命令偏移出其他轴。

（3）绘制立面框架线

组成立面图的主要框架线有外墙线、立面门窗外轮廓线、层高线等。

外墙竖向框架线可由轴线偏移，再改变其图层得到。其他竖向框架线和层高线根据立面门窗尺寸，使用直线、偏移等命令绘出。

（4）绘制立面门窗

立面框架线通过修剪等命令修改后得到立面门窗轮廓线。使用直线、偏移、倒角等命令添加窗格和窗套之后，立面整体框架初步显现。

（5）立面图案填充

立面图案、贴砖墙面、铺瓦屋面等立面效果可用图案填充功能完成。图案填充时要注意定义合适的填充图案比例。

（6）立面标注

立面标注内容包括立面轴线尺寸标注、立面竖向尺寸标注、标高标注、墙面材料标注、图名标注等。其中尺寸标注方法会在后面单独章节中讲述；图名标注和墙面材料标注可使用直线、多段线和文字标注等命令绘制，不再详细阐述。

2. 方法二

绘制立面图的另一种方法是直接在平面图文件里，从平面图引出立面框架线，然后通过修改、添加、图案填充等过程完成立面图。这种方法方便快捷，得到了广泛应用。

门窗绘制、图案填充等内容同方法一。

4.1　简单立面图形的绘制

4.1.1　实用案例一——绘制窗户

绘制案例

绘制如图 4-1 所示的窗户。

分析案例

门窗是绘制建筑立面图必不可少的构件之一，一般采用复制、镜像、偏移等命令绘制而成。

操作案例

参考命令：_rectang

指定第一个角点或［倒角（C）/标高（E）/圆角（F）/厚度（T）/宽度（W）］：

指定另一个角点或［尺寸（D）］：@2000,3300

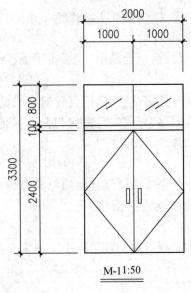

M-11:50

图 4-1　窗户

命令：z

ZOOM

指定窗口的角点，输入比例因子（nX 或 nXP），或者

[全部(A)/中心(C)/动态(D)/范围(E)/上一个(P)/比例(S)/窗口(W)/对象(O)] ＜实时＞：a

正在重生成模型。

命令：_explode 找到 1 个

矩形绘制结果如图 4-2 所示。

命令：_offset

指定偏移距离或 [通过(T)] ＜通过＞：800

选择要偏移的对象或 ＜退出＞：

指定点以确定偏移所在一侧：

选择要偏移的对象或 ＜退出＞：

命令：

OFFSET

指定偏移距离或 [通过(T)] ＜800.0000＞：100

选择要偏移的对象或 ＜退出＞：

指定点以确定偏移所在一侧：

选择要偏移的对象或 ＜退出＞：

偏移后结果如图 4-3 所示。

命令：_trim

当前设置:投影=UCS,边=无

选择剪切边……

选择对象：找到 1 个

图 4-2　矩形

选择对象：找到 1 个,总计 2 个

选择要修剪的对象,或按住 Shift 键选择要延伸的对象,或 [投影(P)/边(E)/放弃(U)]:

选择要修剪的对象,或按住 Shift 键选择要延伸的对象,或 [投影(P)/边(E)/放弃(U)]:

取消

命令:_line 指定第一点:/

指定下一点或 [放弃(U)]:/

指定下一点或 [放弃(U)]:/

指定下一点或 [闭合(C)/放弃(U)]: *取消*

命令:_move 找到 2 个

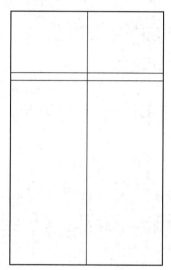

图4-3 偏移图形

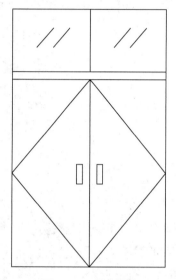

图4-4 完成图形

指定基点或位移:指定位移的第二点或 <用第一点作位移>:

命令:*取消*

命令:_rectang

指定第一个角点或 [倒角(C)/标高(E)/圆角(F)/厚度(T)/宽度(W)]:/

指定另一个角点或 [尺寸(D)]:/

命令:_mirror 找到 3 个

指定镜像线的第一点:指定镜像线的第二点:/

是否删除源对象? [是(Y)/否(N)] <N>:/

命令:_copy 找到 2 个

指定基点或位移:指定位移的第二点或 <用第一点作位移>:

指定位移的第二点: *取消*

图形绘制结束,绘制结果如图4-4所示。

案例总结

一、镜像命令操作

(1) 选择菜单"修改/镜像";

(2) 单击"修改"工具条或面板"镜像"图标;

(3) 键盘输入"mi"回车。

启动命令→选择镜像对象,完毕后确认→选定镜像参照线:两点确定或拾取对象→是否删除源对象。

例:镜像如下所示图形,以线段 AB 为镜像线。

操作:输入"mi"回车→用窗交方式选择,右键确定→拾取 A 点→拾取 B 点→直接回车,不删除源对象,退出命令。

二、复制命令操作

单击【菜单浏览器】按钮,在弹出的菜单中选择【修改】|【复制】命令(COPY),或在【功能区】选项板中选择【常用】选项卡,在【修改】面板中单击【复制】按钮,可以对已有的对象复制出副本,并放置到指定的位置。

执行该命令时,需要选择要复制的对象,命令行将显示【指定基点或[位移(D)/模式(O)/多个(M)]<位移>:】提示信息。如果只需创建一个副本,直接指定位移的基点和位移矢量(相对于基点的方向和大小);如果需要创建多个副本,而复制模式为单个时,输入"M",设置复制模式为多个,然后在【指定第二个点或[退出(E)/放弃(U)]<退出>:】提示下,通过连续指定位移的第二点来创建该对象的其他副本,直到按"Enter"键结束。

三、移动命令操作

move(移动)命令可以将用户所选择的一个或多个对象平移到其他位置,但不改变对象的方向和大小。调用该命令的方式如下:

(1) 工具栏:"modify(修改)"→ ✛ 。

(2) 菜单:【Modify(修改)】→【Move(移动)】。

(3) 快捷菜单:选定对象后单击右键,弹出快捷菜单,选择"Move(移动)"项。

调用该命令后,系统将提示用户选择对象。

选择对象：

用户可在此提示下构造要移动的对象的选择集，并回车确定，系统进一步提示：

指定基点或[位移(D)]<位移>

用户可通过键盘输入或鼠标选择来确定基点，此时系统提示为：

指定第二个点或<使用第一个点作为位移>：

这时用户有两种选择：

（1）指定第二点：系统将根据基点到第二点之间的距离和方向来确定选中对象的移动距离和移动方向。在这种情况下，移动的效果只与两个点之间的相对位置有关，而与点的绝对坐标无关。

（2）直接回车：系统将基点的坐标值作为相对的 X、Y、Z 位移值。在这种情况下，基点的坐标确定了位移矢量（即原点到基点之间的距离和方向），因此，基点不能随意确定。

4.1.2　实用案例二——绘制落水管

绘制案例

绘制如图 4-5 所示图形。

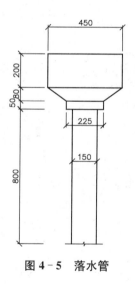

图 4-5　落水管

分析案例

落水管是建筑立面图中的常见构件之一，一般采用直线、偏移、删除等命令绘制而成。

操作案例

命令：

正在打开 AutoCAD 2004 格式的文件。

正在重生成模型。

命令：_rectang

指定第一个角点或 [倒角(C)/标高(E)/圆角(F)/厚度(T)/宽度(W)]：

指定另一个角点或 [尺寸(D)]：@450,200

命令：_explode 找到 1 个

命令：_offset

指定偏移距离或 [通过(T)]<通过>：80

选择要偏移的对象或 <退出>：

指定点以确定偏移所在一侧：

选择要偏移的对象或 <退出>：

命令：

OFFSET

指定偏移距离或 [通过(T)]<80>：50

选择要偏移的对象或 <退出>：

指定点以确定偏移所在一侧：

选择要偏移的对象或 <退出>：

命令：

OFFSET

指定偏移距离或 [通过(T)]<50>：800

选择要偏移的对象或 <退出>：

指定点以确定偏移所在一侧：

选择要偏移的对象或 <退出>：＊取消＊

命令：_line 指定第一点：

指定下一点或 [放弃(U)]：

指定下一点或 [放弃(U)]：

命令：_offset

指定偏移距离或 [通过(T)]<800>：112.5

选择要偏移的对象或 <退出>：

指定点以确定偏移所在一侧：

选择要偏移的对象或 <退出>：

指定点以确定偏移所在一侧：

选择要偏移的对象或 <退出>：

命令：

OFFSET

指定偏移距离或 [通过(T)]<113>：75

选择要偏移的对象或 <退出>：

指定点以确定偏移所在一侧：

选择要偏移的对象或 <退出>：

指定点以确定偏移所在一侧：

选择要偏移的对象或 <退出>：＊取消＊

偏移后结果如图 4-6 所示。

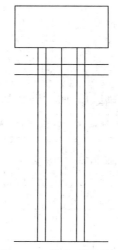

图 4 - 6   偏移后图形

命令：_line 指定第一点：

指定下一点或［放弃(U)］：

指定下一点或［放弃(U)］：

指定下一点或［闭合(C)/放弃(U)］：

指定下一点或［闭合(C)/放弃(U)］：

命令：

LINE 指定第一点：

指定下一点或［放弃(U)］：

指定下一点或［放弃(U)］：

指定下一点或［闭合(C)/放弃(U)］：

指定下一点或［闭合(C)/放弃(U)］：

命令：指定对角点：

命令：_. erase 找到 5 个

图形绘制结束,绘制结果如图 4 - 7 所示。

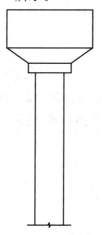

图 4 - 7   完成图形

4.1.3　实用案例三——绘制简单立面图

绘制案例

根据表 4 - 1、图 4 - 8 所给资料进行立面图的绘制。

表 4 - 1　立面尺寸资料

名称	屋檐底面	雨篷底面及厚度	门洞顶面	勒脚	左侧窗洞顶面	左侧窗台面	右侧窗洞顶面	右侧窗台面
标高/m	3.600	2.400(100 mm)	2.100	0.130	2.400	0.900	3.000	2.100

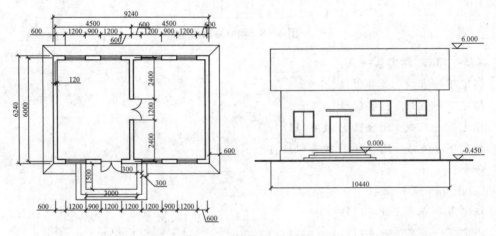

图 4 - 8　简单平、立面图

分析案例

一般情况下,都是先绘制建筑平面图,然后绘制建筑立面图。根据建筑平面图以及所给的尺寸,按照绘制立面图的方法一绘制建筑立面图。

操作案例

一、设置绘图环境以及图层

(1) 新建立面图文件,参照建筑平面图绘制时相应绘图环境的设置,设置捕捉点,建立轴线、墙线、门窗、尺寸标注、文字标注等基本图层,并设定颜色和线型,如图 4 - 9、4 - 10 所示。

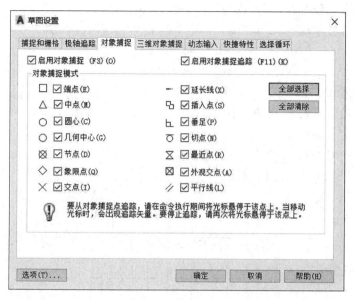

图 4 - 9 捕捉点设置

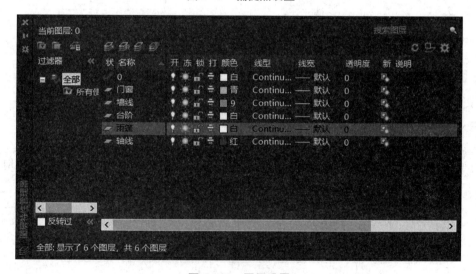

图 4 - 10 图层设置

（2）点击主菜单→【格式】→【线型】菜单项,把线型比例改为适当值。

二、绘制定位轴线

将当前层改为轴线层,使用直线命令绘制出一轴,再用偏移命令偏移出其他轴。

命令:_line 指定第一点:

指定下一点或［放弃(U)］:

指定下一点或［闭合(C)/放弃(U)］:

命令:_offset

指定偏移距离或［通过(T)］<2400.0000>:2100

选择要偏移的对象或 <退出>:

指定点以确定偏移所在一侧：

选择要偏移的对象或＜退出＞：

命令：

OFFSET

指定偏移距离或［通过(T)］＜2100.0000＞：3000

选择要偏移的对象或＜退出＞：

指定点以确定偏移所在一侧：

选择要偏移的对象或＜退出＞：＊取消＊

轴线偏移结果如图 4-11 所示。

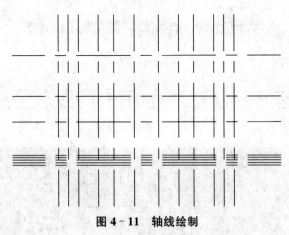

图 4-11　轴线绘制

三、绘制立面框架线

组成立面图的主要框架线有外墙线、立面门窗外轮廓线、层高线等。

外墙竖向框架线可由轴线偏移，再改变其图层得到。其他竖向框架线和层高线根据立面门窗尺寸，使用直线、偏移等命令绘出，结果如图 4-12 所示。

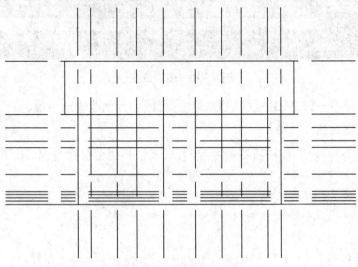

图 4-12　立面图框架线

命令：_extend

当前设置:投影＝UCS,边＝无

选择边界的边…

选择对象:找到 1 个

选择对象:

选择要延伸的对象,或按住 Shift 键选择要修剪的对象,或［投影(P)/边(E)/放弃(U)］:

选择要延伸的对象,或按住 Shift 键选择要修剪的对象,或［投影(P)/边(E)/放弃(U)］:

＊取消＊

四、绘制立面门窗以及台阶

立面框架线通过修剪等命令修改后得到立面门窗轮廓线。使用直线、偏移、倒角等命令添加窗格和窗套之后,立面整体框架初步显现,如图 4－13 所示。

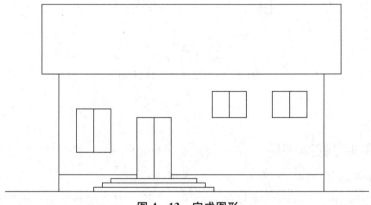

图 4－13　完成图形

图形绘制结束。

4.2　建筑立面图形的绘制

4.2.1　实用案例一——绘制泵房建筑立面图

绘制案例

绘制如图 4－14 所示的泵房建筑立面图。

分析案例

建筑立面图的轮廓有四条:地坪线、左右山墙线以及屋顶线。制图标准规定,地坪线为粗实线,其他三条为中实线。在此我们可以先不考虑线宽,图形完成后,我们再统一设定线宽。

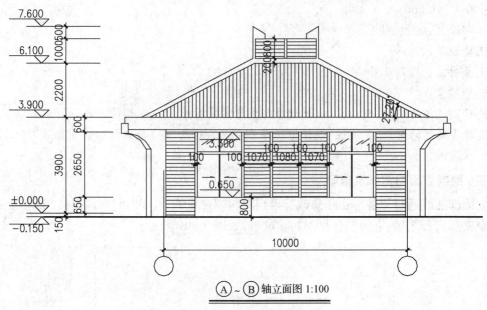

图 4-14　泵房建筑立面图

操作案例

一、设置绘图环境以及图层

二、绘制定位轴线

将当前层改为轴线层,使用直线命令绘制出一轴,再用偏移命令偏移出其他轴。

三、绘制立面框架线

组成立面图的主要框架线有外墙线、立面门窗外轮廓线、层高线等。

外墙竖向框架线可由轴线偏移,再改变其图层得到。其他竖向框架线和层高线根据立面门窗尺寸,使用直线、偏移等命令绘出,结果如图 4-15 所示。

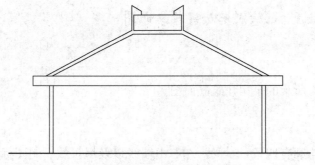

图 4-15　立面图框架线

四、绘制立面门窗

通过修剪等命令修改立面框架线后,得到立面门窗轮廓线。使用直线、偏移、倒角等命令添加窗格和窗套之后,立面整体框架初步显现,结果如图 4-16 所示。

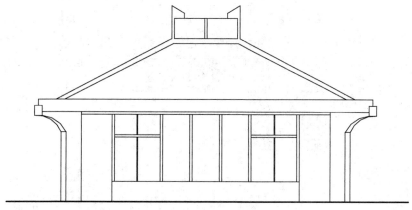

图 4-16　门窗绘制

五、立面图案填充

立面图案、贴砖墙面、铺瓦屋面等立面效果可用图案填充功能完成，如图 4-17、4-18 所示。图案填充时要注意定义合适的填充图案比例。

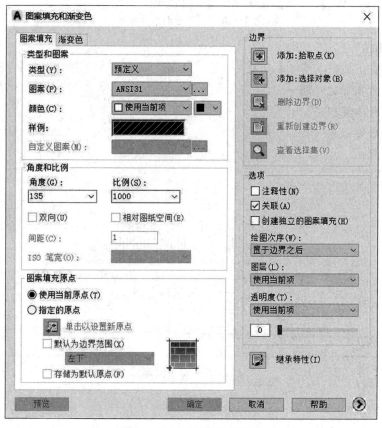

图 4-17　图案填充对话框

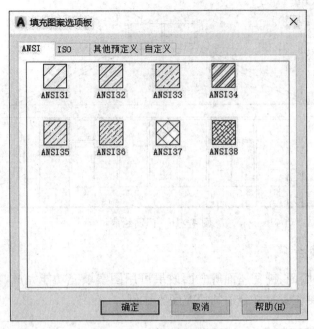

图 4 - 18　填充图案选项板

命令：_bhatch
选择内部点：正在选择所有对象…
正在选择所有可见对象…
正在分析所选数据…
正在分析内部孤岛…
选择内部点：

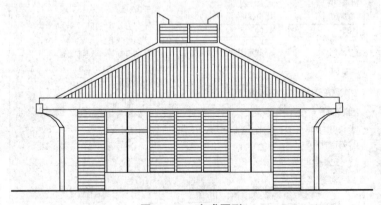

图 4 - 19　完成图形

图形绘制结束,结果如图 4 - 19 所示。

4.2.2　实用案例二——绘制某框架结构工程建筑立面图

绘制案例

绘制如图 4－20 所示的某框架结构工程建筑立面图。

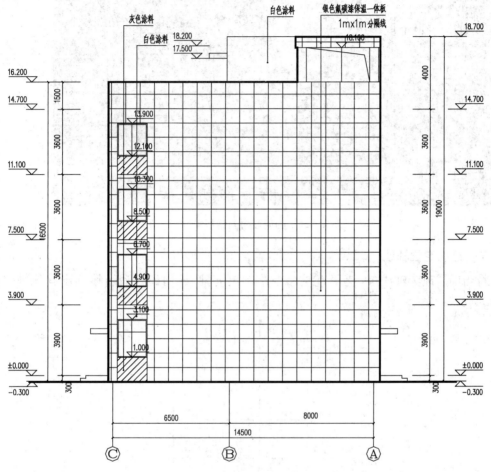

某框架结构工程建筑立面图 1:100

图 4－20　某框架结构工程建筑立面图

分析案例

本案例绘制的是建筑侧立面图。在绘制建筑立面图中的门窗时,遇到相同尺寸的门窗,且排列整齐的,我们可以先绘好左下角的一个窗户,然后执行阵列(Array)命令来完成全部窗户的绘制。

操作案例

一、设置绘图环境以及相关图层如图 4‑21 所示

某框架立面图

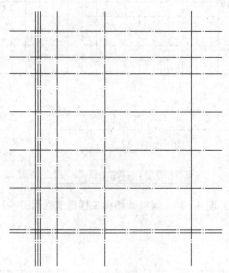

图 4‑21　图层设置对话框

二、绘制定位轴线

将当前层改为轴线层,使用直线命令绘制出一轴,再用偏移命令偏移出其他轴,如图 4‑22所示。

图 4‑22　轴线绘制

三、绘制立面框架线

组成立面图的主要框架线有外墙线、立面门窗轮廓线等。

外墙竖向框架线可由轴线偏移,再改变其图层得到。其他竖向框架线和层高线根据立面门窗尺寸,使用直线、偏移等命令绘出,如图 4‑23 所示。

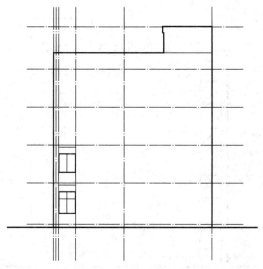

图4‑23　立面框架线

四、全部窗户的绘制

先绘好其中一个窗户,由于第一层和其他层的窗户的高度不一样,所以以第二层的窗户为第一个阵列参考对象,然后执行"Array"命令来完成全部窗户的绘制,设置数据如图4‑24所示。

命令:_array

选择对象:指定对角点:找到 8 个

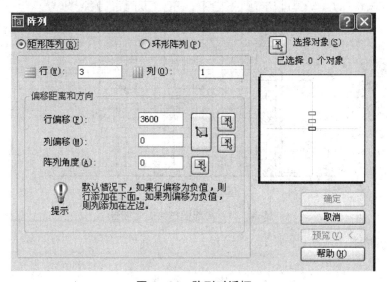

图4‑24　阵列对话框

阵列后隐藏轴线,结果如图 4‑25 所示:

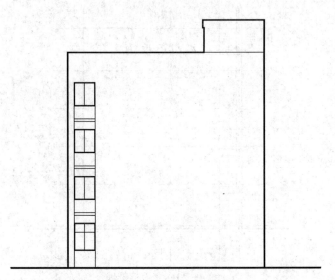

图 4 - 25　阵列后门窗效果

五、局部图形的绘制（雨篷、台阶等）以及图案填充

图案填充的时候要选择相应的图案以及合适的比例，结果如图 4 - 26 所示。

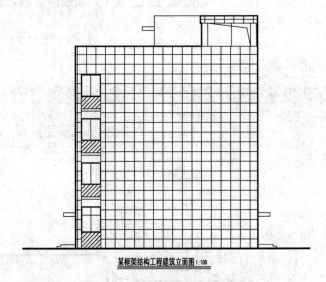

某框架结构工程建筑立面图1:100

图 4 - 26　局部图形绘制后图形

图形绘制结束。

课后作业

- 按照绘图步骤以及建筑图的绘制要求绘制附件七中的立面图。

第5章 剖面图的绘制

教学目标与要求

✧ 熟悉 AutoCAD 工程图中建筑立面图、建筑平面图以及本章节的建筑剖面图三者之间的空间关系；

✧ 综合运用 AutoCAD 命令与编辑功能绘制建筑工程剖面图；

✧ 合理运用 AutoCAD 命令与编辑功能，以提高绘制剖面图的精确度以及工作效率。

　　建筑剖面图是用一个或多个垂直于外墙轴线的铅垂剖切面，将房屋剖开所得的投影图。剖面图用以表示房屋内部的结构或构造形式、分层情况和各部位的联系、材料及其高度等，是与平、立面图相互配合的不可或缺的重要图样之一。

　　建筑剖面图的数量是根据房屋的具体情况和施工实际需要决定的。剖切面一般横向，即平行于侧面，必要时也可纵向，即平行于正面。其位置应选择在能反映出房屋内部构造比较复杂与典型的部位，并应通过门窗洞的位置。若为多层房屋，应选择在楼梯间或层高、层数不同的部位。剖面图的图名应与平面图上所标注剖切符号的编号一致，如 1 - 1 剖面图、2 - 2剖面图等。

　　绘制建筑剖面图的方法也有多种，目前设计人员常用的方法还是从平面图引出对齐线的方法。

　　(1) 绘制轴线和墙线

　　① 打开建筑平面图，确定剖面图的剖切位置和剖视方向，把平面图旋转 90°（如剖视方向为右，则逆时针旋转 90°；如剖视方向为左，则顺时针旋转 90°）。

　　② 把轴线层设为当前层，从平面图轴线引出对齐线画出剖面图轴线。

　　③ 把墙线层设为当前层，从平面图墙线引出对齐线画出剖面图墙线。

　　(2) 绘制剖面楼板

　　① 使用直线命令，绘制地坪线。

　　② 使用偏移命令，偏移出楼层线，偏移距离为层高。

　　③ 使用偏移命令，偏移出楼板线和楼面做法线，偏移距离分别为楼板厚度和楼面做法厚度。

　　④ 根据屋面坡度，用直线、偏移等命令绘制出坡屋面。

（3）绘制剖面门窗及楼梯

① 将当前层换成门窗层，根据门窗平面位置及高度，绘制门窗。

② 将当前层换成楼梯层，根据楼梯梯段宽度及踏步高度，绘制楼梯。

③ 栏杆用直线和复制等命令绘制。

5.1　简单图形的绘制

5.1.1　实用案例———楼梯剖面图的绘制

绘制案例

绘制如图 5－1 所示的楼梯剖面图。

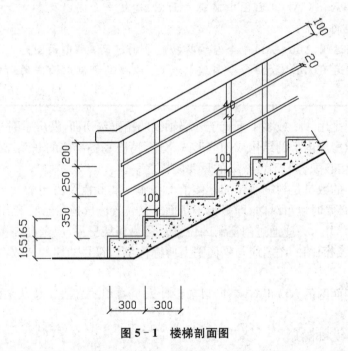

图 5－1　楼梯剖面图

分析案例

楼梯剖面图是建筑剖面图中的重要组成部分，主要是通过直线、偏移、圆角、图案填充等命令绘制而成。

操作案例

一、设置绘图环境以及建立图层

点击打开"图层特性管理器"对话框，新建"踏步""栏杆""扶手""图案填充""轴线"等图层，并指定颜色和线型，如图 5－2 所示。

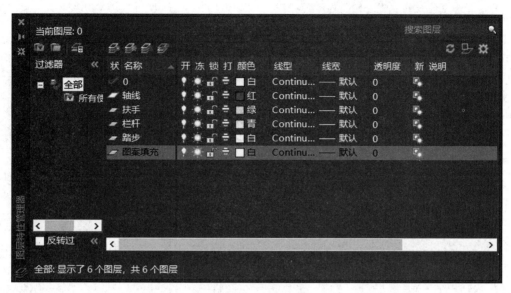

图 5-2　图层设置

二、通过轴线绘制楼梯轮廓

（1）把当前层改为楼梯轮廓层，使用直线命令绘制楼梯一个踏步，如图 5-3 所示。

图 5-3　绘制楼梯的一个踏步

（2）打开点的捕捉功能，使用复制命令复制出其他踏步，如图 5-4 所示。

图 5-4　复制楼梯的踏步

（3）使用直线命令连接踏步起点和踏步终点。

（4）使用偏移命令偏移出楼梯梯段板底线（偏移距离为梯段板厚度 130 mm），并删除第一条线，如图 5-5 所示。

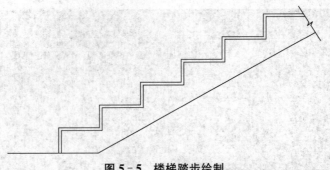

图 5 - 5　楼梯踏步绘制

（5）使用直线、偏移、修剪等命令画出栏杆扶手等，如图 5 - 6、5 - 7 所示。

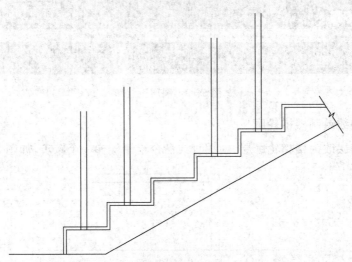

图 5 - 6　楼梯栏杆绘制

图 5 - 7　楼梯栏杆、扶手绘制

（6）使用倒圆角、图案填充等命令局部修改图形，如图 5-8 所示。

命令：_fillet

当前设置：模式 ＝ 修剪，半径 ＝ 0.0000

选择第一个对象或［多段线(P)/半径(R)/修剪(T)/多个(U)］：r

指定圆角半径＜0.0000＞：30

选择第一个对象或［多段线(P)/半径(R)/修剪(T)/多个(U)］：

选择第二个对象：

命令：

FILLET

当前设置：模式 ＝ 修剪，半径 ＝ 30.0000

选择第一个对象或［多段线(P)/半径(R)/修剪(T)/多个(U)］：

命令：_bhatch

选择内部点：正在选择所有对象…

正在选择所有可见对象…

正在分析所选数据…

正在分析内部孤岛…

选择内部点：

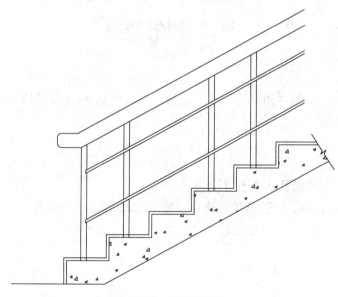

图 5-8　楼梯剖面图

5.1.2 实用案例二——绘制某厨房地沟剖面图

绘制案例

绘制如图 5-9 所示的厨房地沟剖面图。

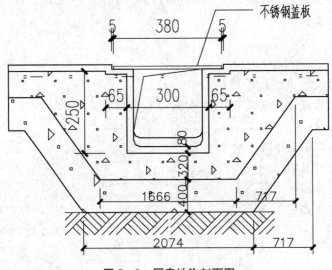

图 5-9　厨房地沟剖面图

分析案例

建筑细部构件的剖面详图是建筑施工图的重要组成部分,主要是通过直线、偏移、修剪、删除等命令绘制而成。

操作案例

(1) 设置绘图环境以及建立图层。

(2) 运用直线、偏移、修剪、删除等命令绘制图形,如图 5-10 所示。

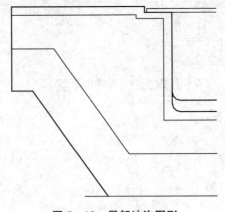

图 5-10　局部地沟图形

（3）运用镜像命令填充图形，如图 5 - 11 所示。

命令：_mirror

选择对象：指定对角点：找到 29 个

选择对象：/

指定镜像线的第一点：/

指定镜像线的第二点：/

是否删除源对象？［是（Y）/否（N）］＜N＞：/

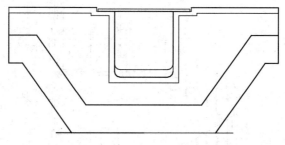

图 5 - 11　镜像后地沟图

（4）运用图案填充命令填充图形，如图 5 - 12 所示。

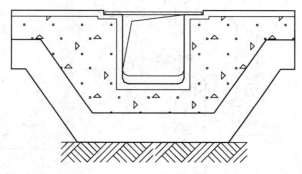

图 5 - 12　图案填充后地沟图

图形绘制结束。

5.2　建筑剖面图的绘制

实用案例：绘制住宅楼建筑剖面图

绘制案例

绘制如图 5 - 13 所示的住宅楼建筑剖面图。

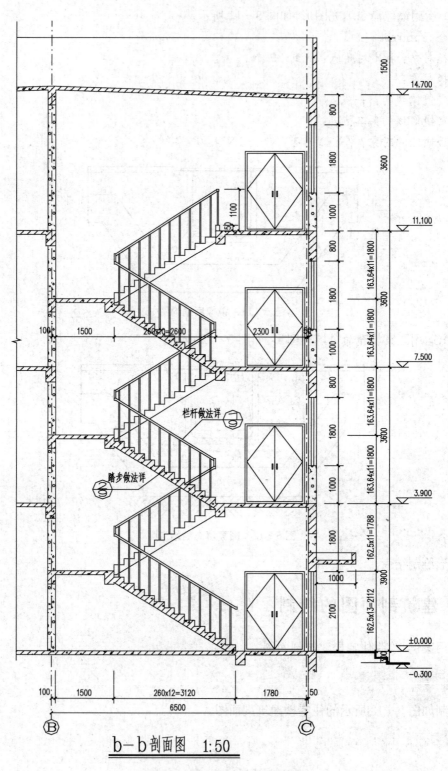

$\underline{\text{b}-\text{b}\,剖面图\quad 1:50}$

图 5-13　住宅楼建筑剖面图

分析案例

建筑剖面图的绘制要参考建筑平面图以及建筑立面图的空间尺寸。

操作案例

一、设置绘图环境以及建立图层

二、绘制轴线和墙线

（1）把轴线层设为当前层，从平面图轴线引出对齐线画出剖面图轴线。

（2）把墙线层设为当前层，从平面图墙线引出对齐线画出剖面图墙线。

图形绘制结果如图 5 - 14 所示。

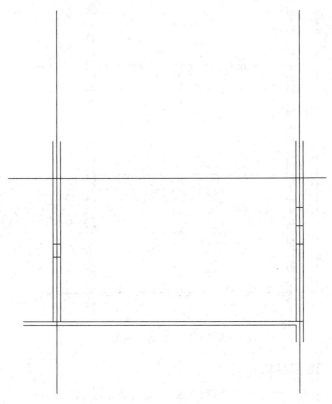

图 5 - 14　轴线以及墙线绘制

三、绘制剖面楼板

（1）使用直线命令，绘制地坪线。

（2）使用偏移命令，偏移出楼层线，偏移距离为层高。

（3）使用偏移命令，偏移出楼板线和楼面做法线，偏移距离分别为楼板厚度和楼面做法厚度。

（4）根据屋面坡度，用直线、偏移等命令绘制出坡屋面。

图形绘制结果如图 5 - 15 所示。

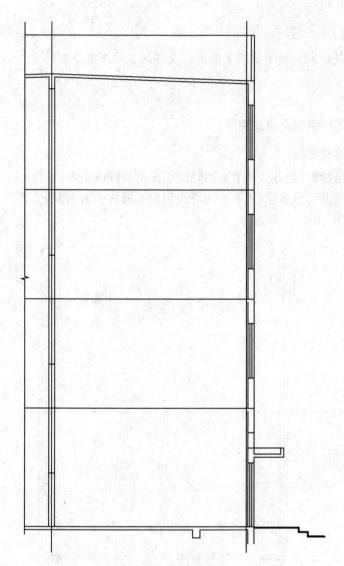

图 5‑15　楼板等绘制

四、绘制剖面门窗及楼梯

（1）把当前层换成门窗层，根据门窗平面位置及高度绘制门窗。

（2）把当前层换成楼梯层，根据楼梯梯段宽度及踏步高度绘制楼梯，栏杆用直线和复制、偏移等命令绘制（本章此前已经举例，在此不再讲解）。

（3）使用图案填充命令将建筑剖面图中所剖切得到的楼板以及楼梯等进行图案填充。

图形绘制结果如图 5‑16 所示。

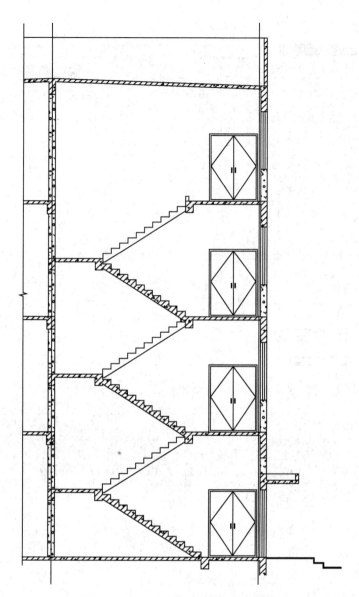

图 5 - 16　剖面图门窗以及楼梯绘制

案例总结

一、快捷工具栏的隐藏与恢复

在绘图过程中,有时会把绘图、修改、图层以及查询等快捷工具栏不小心删掉,这时有两种途径恢复。

(1) 通过【视图】——【工具栏】进行隐藏与恢复。

如图 5 - 17 所示,点击【视图】——【工具栏】,出现如图 5 - 18 所示对话框。

图 5-17　视图下拉菜单

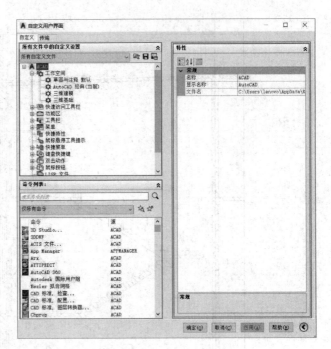

图 5-18　工具栏对话框

点击"ACAD"出现如图 5-19 所示对话框：

图 5-19　工具栏菜单 ACAD 菜单组

选中想要显示的项目，AutoCAD 操作界面即显示选择的项目。

（2）通过右键点击下拉栏菜单的交界，如图 5-20 所示，进行隐藏与恢复。

图 5‑20　菜单交界处

右击之后出现如图 5‑21 所示菜单。

图 5‑21　显示菜单

点击想要选择的选项，AutoCAD 操作界面即显示选择的项目。

二、工具选项的应用

在应用 AutoCAD 软件进行绘制工程图的过程中，每位工作人员都有自己的绘图习惯，例如绘图模型空间的背景颜色、光标大小、显示精度等，这些都可以在【工具】——【选项】里面进行设置。

1.【工具】——【选项】——【文件】

界面如图 5‑22 所示。界面出现搜索路径、文件名和文件位置管理与设置等。

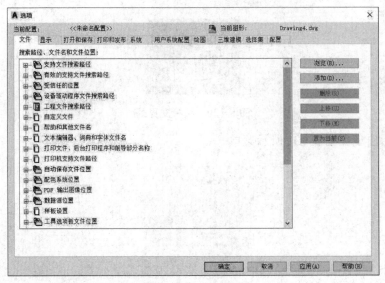

图 5 - 22　文件选项

2.【工具】——【选项】——【显示】

界面如图 5 - 23 所示。界面出现窗口元素、布局元素、十字光标大小、显示精度、显示性能、参照编辑的褪色度等，可以对其进行管理与设置等。

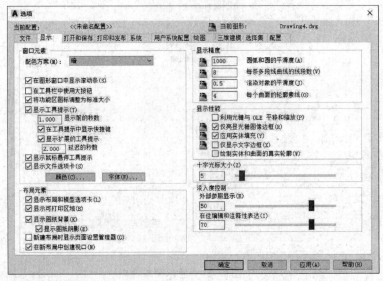

图 5 - 23　显示选项

3.【工具】——【选项】——【打开保存】

界面如图 5 - 24 所示。界面出现文件保存、文件安全措施、文件参照、外部参照、ObjectARX应用程序等，可以对其进行管理与设置等。

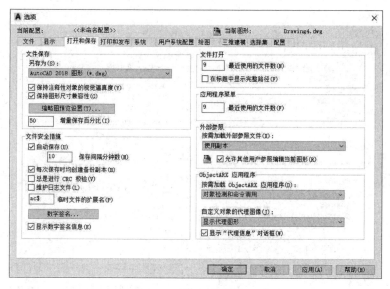

图 5 - 24　打开保存选项

4.【工具】——【选项】——【打开保存】

界面如图 5 - 25 所示。界面出现新图形的默认打印设置、打印到文件、后台处理选项、打印并发布日志文件、基本打印选项等，可以对其进行管理与设置等。

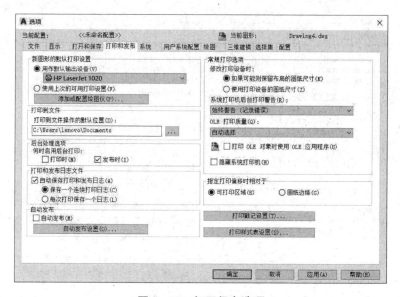

图 5 - 25　打开保存选项

5.【工具】——【选项】——【系统】

界面如图 5 - 26 所示。界面出现当前三维图形显示、当前定点设备、布局重生成选项、数据库连接选项等，可以对其进行管理与设置等。

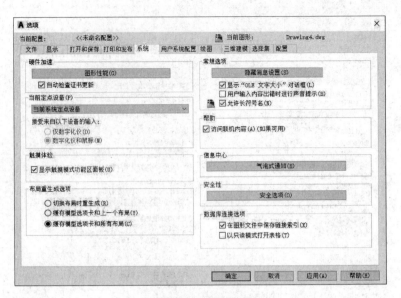

图 5-26 系统选项

6.【工具】——【选项】——【用户系统设置】

界面如图 5-27 所示。界面出现 Windows 标准、拖放比例、坐标数据输入的优先级、关联标注、超链接等,可以对其进行管理与设置等。

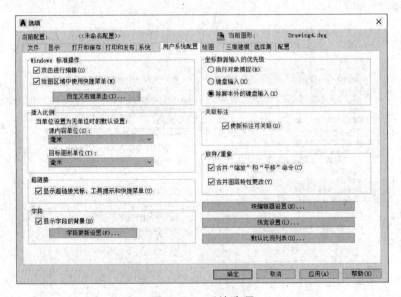

图 5-27 系统选项

7.【工具】——【选项】——【草图】

界面如图 5-28 所示。界面出现自动捕捉设置、自动捕捉标记大小、对象捕捉选项、自动追踪设置、对齐点获取等,可以对其进行管理与设置等。

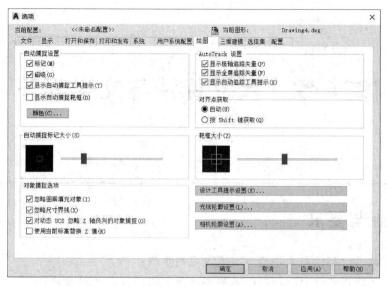

图 5 - 28　草图选项

8.【工具】——【选项】——【选择】

界面如图 5 - 29 所示。界面出现拾取框大小、选择模式、夹点大小、夹点等,可以对其进行管理与设置等。

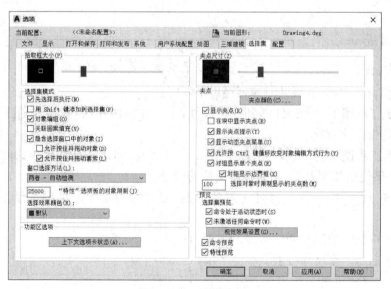

图 5 - 29　选择选项

以上几项可以通过自己的实际情况,选择性地进行设置与管理。

课后作业

· 按照绘图步骤以及建筑图的绘制要求绘制附件十中的剖面图。

第6章 尺寸标注与文字标注

教学目标与要求

◇ 掌握尺寸标注与文字标注样式设定的步骤；
◇ 掌握线性标注、连续标注、基线标注等常用标注的使用方法；
◇ 掌握尺寸标准、单行文字以及多行文字的创建与修改方法。

6.1 尺寸标注的基本知识

6.1.1 尺寸标注

1. 尺寸标注的规则

建筑工程设计中,标注尺寸时应遵循以下规定:

(1) 建筑工程图中一般标注两到三道尺寸,小尺寸标注在内,大尺寸标注在外,尺寸线与尺寸界限通常不应相交。

(2) 建筑工程图中的尺寸,一般以毫米(mm)为单位,可以不标注单位;标高是以米(m)为单位的;如果使用其他单位,则需注明单位的代号。

(3) 建筑工程图中标注的尺寸为对象的真实尺寸,与绘图的准确程度以及出图比例无关。

(4) 图形中标注的尺寸为物体最后完工的尺寸。

(5) 对象的每一个尺寸一般只标注一次。

2. 尺寸标注的组成

在建筑工程绘图中,一个完整的尺寸标注应由标注文字、尺寸线、尺寸界线及起点等组成,如图 6-1 所示。

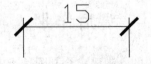

图 6-1 尺寸标注的组成

3.创建尺寸标注的步骤

在 AutoCAD 中,对图形进行尺寸标注的基本步骤如下:

(1)单击【菜单浏览器】按钮,在弹出的菜单中选择【格式】|【图层】命令,在打开的"图层特性管理器"对话框中创建一个独立的图层,用于尺寸标注。

(2)单击【菜单浏览器】按钮,在弹出的菜单中选择【格式】|【文字样式】命令,在打开的"文字样式"对话框中创建一种文字样式,用于尺寸标注。

(3)单击【菜单浏览器】按钮,在弹出的菜单中选择【格式】|【标注样式】命令,在打开的"标注样式管理器"对话框设置标注样式。

(4)使用对象捕捉和标注等功能,对图形中的元素进行标注。

6.1.2　尺寸标注样式

(1)创建标注样式,单击【菜单浏览器】按钮,在弹出的菜单中选择【格式】|【标注样式】命令,或在【功能区】选项板中选择【注释】选项卡,在【标注】面板中单击【标注样式】按钮,打开"标注样式管理器"对话框,如图 6-2 所示。

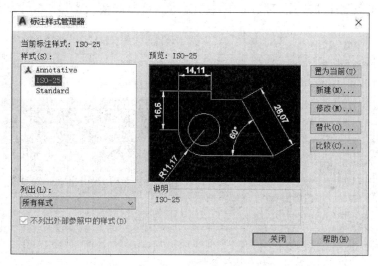

图 6-2　标注样式管理器对话框

(2)单击【新建】按钮,打开"创建新标注样式"对话框。在"新样式名"编辑框中输入新的样式名称如"副本 ISO-25",如图 6-3 所示。

图 6-3　创建新标注样式对话框

在"新建标注样式"对话框中,可以设置箭头、圆心标记、弧长符号和半径标注折弯的格式与位置。

1. "箭头"

"第一个":设置第一条尺寸线的箭头类型。当改变第一个箭头的类型时,第二个箭头自动改变以匹配第一个箭头。

"第二个":设置第二条尺寸线的箭头类型。改变第二个箭头的类型不影响第一个箭头的类型。

"引线":设置引线的箭头类型。

"箭头大小":设置箭头的大小。

2. "圆心标记"

"类型":设置圆心标记类型为"None(无)""Mark(标记)"和"Line(直线)"三种情况之一。其中"Line"选项可创建中心线。

"大小":设置圆心标记或中心线的大小。国标中规定为 2~4。

3. 设置直线与箭头样式

在"新建或修改标注样式"对话框中,使用【线】【符号和箭头】选项卡可以设置尺寸线和尺寸界限的格式和位置,如图 6-4 所示。

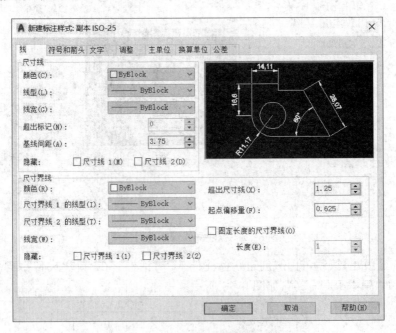

图 6-4　线、符号和箭头选项卡

(1) "尺寸线"

"尺寸线"设置区域可设置尺寸线的颜色、线宽、超出标记、基线间距和隐藏情况等。设置时注意以下几点:

① "颜色":设置尺寸线的颜色;"线型":设置尺寸线的线型;"线宽":设置尺寸线的线宽。常规情况下,尺寸线的颜色、线型和线宽都采用"ByLayer(随层)",也可以根据设计者自身的要求来另外设定。

②"超出标记"：指定当箭头使用倾斜、建筑标记、积分和无标记时尺寸线超过尺寸界限的距离。

③"基线间距"：设置基线标注中各尺寸线之间的距离，这个值要根据文字高度来确定，一般是文字高度的两倍左右。

④"隐藏"：分别指定第一、二条尺寸线是否被隐藏。一般第一条尺寸线为左边，第二条尺寸线为右边。

（2）"尺寸界限"

①"颜色"：设置尺寸界线的颜色；"线宽"：设置尺寸界线的线宽。设置为"ByLayer（随层）"。

②"隐藏"：分别指定第一、二条尺寸界线是否被隐藏。

③"超出尺寸线"：指定延伸线在尺寸线上方伸出的距离，国标中规定为 2～3 mm。

④"起点偏移量"：指定尺寸界限到定义该标注的原点的偏移距离。

4. 设置"文字"样式

在"新建或修改标注样式"对话框中，使用【文字】选项卡可以设置尺寸线和尺寸界限的格式和位置，如图 6-5 所示。

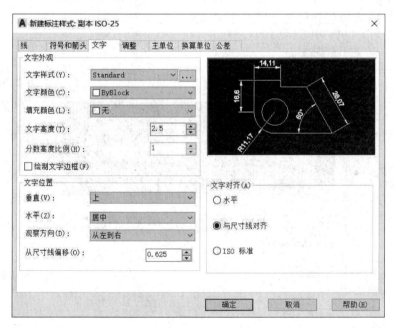

图 6-5　文字选项卡

（1）文字外观

① 文字样式

显示和设置当前标注的文字样式。从列表中选择一种样式。要创建和修改标注文字样式，请选择列表旁边的"…"按钮。

②"文字样式"按钮

显示"文字样式"对话框，从中可以定义或修改文字样式。如图 6-6 所示。

图 6-6   文字样式对话框

③ 文字颜色

设置标注文字的颜色。如果单击"选择颜色"（在"颜色"列表的底部），将显示"选择颜色"对话框，如图 6-7 所示。可以输入颜色名或颜色号。也可以从 255 种 Auto CAD 颜色索引（ACI)颜色、真彩色和配色系统颜色中选择颜色，如图 6-8、6-9 所示。

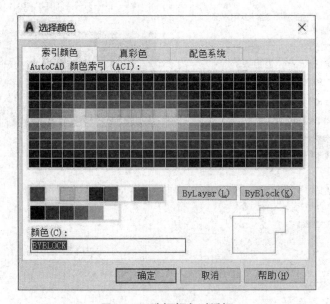

图 6-7   选择颜色对话框

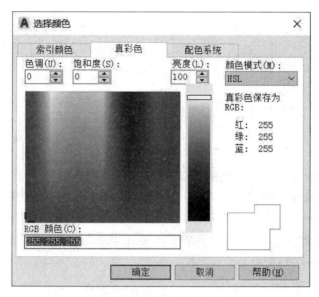

图 6-8　选择真彩色对话框

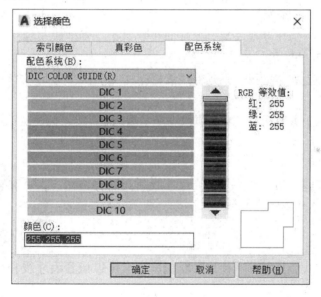

图 6-9　选择配色系统对话框

④ 填充颜色

设置标注中文字背景的颜色。操作方式和选择颜色一样,如果单击"选择颜色"(在"颜色"列表的底部),将显示"选择颜色"对话框;可以输入颜色名或颜色号;也可以从 255 种 AutoCAD 颜色索引(ACI)颜色、真彩色和配色系统颜色中选择颜色。

⑤ 文字高度

设置当前标注文字的高度。在文本框中输入值:如果在"文字样式"中将文字高度设置为固定值(即文字样式高度大于 0),则该高度将替代此处设置的文字高度;如果要使用在"文字"选项卡上设置的高度,请确保"文字样式"中的文字高度设置为 0。

⑥ 分数高度比例

设置相对于标注文字的分数比例。仅当在"主单位"选项卡上选择"分数"作为"单位格式"时,此选项才可用。在此处输入的值乘以文字高度,可确定标注分数相对于标注文字的高度。

⑦ 绘制文字边框

如果选择此选项,将在标注文字周围绘制一个边框。

(2) 文字位置

① "垂直"

"居中":将标注文字放在尺寸线的两部分中间。

"上方":将标注文字放在尺寸线上方。从尺寸线到文字的最低基线的距离就是当前的字线间距。

"外部":将标注文字放在尺寸线上远离第一个定义点的一边。

"JIS":按照日本工业标准(JIS)放置标注文字。

② 水平

"居中":将标注文字沿尺寸线放在两条延伸线的中间。

"第一条延伸线":沿尺寸线与第一条延伸线左对正。延伸线与标注文字的距离是箭头大小与字线间距之和的两倍。

"第二条延伸线":沿尺寸线与第二条延伸线右对正。延伸线与标注文字的距离是箭头大小与字线间距之和的两倍。

"第一条延伸线上方":沿第一条延伸线放置标注文字,或将标注文字放在第一条延伸线之上。

"第二条延伸线上方":沿第二条延伸线放置标注文字,或将标注文字放在第二条延伸线之上。

③ 从尺寸线偏移

设置当前字线间距,文字间距是指当尺寸线断开以容纳标注文字时标注文字周围的距离。此值也用作尺寸线段所需的最小长度。

(3) 文字对齐

5. 设置"调整"选项卡

在"修改标注样式"对话框中,使用【调整】选项卡可以设置尺寸线和尺寸界限的格式和位置,如图 6-10 所示。

(1) "调整选项""文字位置""优化"三个选项设置如图 6-10 所示。

(2) "标注特征比例"

"注释性":指定标注为注释性。单击信息图标以了解有关注释性对象的详细信息。

"将标注缩放到布局":根据当前模型空间视口和图纸空间之间的比例确定比例因子。

当在图纸空间而不是模型空间视口中绘图时,或当 TILEMODE 设置为 1 时,将使用默认比例因子 1.0 或使用 DIMSCALE 系统变量。

"使用全局比例":为所有标注样式设置一个比例,这些设置指定了大小、距离或间距,包括文字和箭头大小。该缩放比例并不更改标注的测量值。

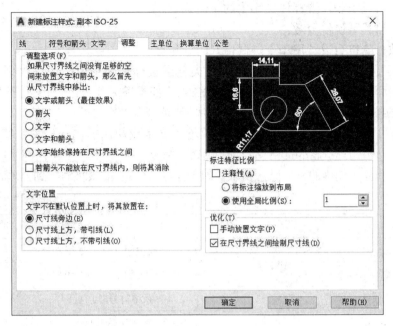

图 6‑10　调整选项卡

6. 设置"主单位"选项卡

在"新建或修改标注样式"对话框中,使用【主单位】选项卡可以设置尺寸线和尺寸界限的格式和位置,如图 6‑11 所示。

图 6‑11　主单位选项卡

(1) 线性标注

① "单位格式":设置除角度之外的所有标注类型的当前单位格式。

② "精度"：显示和设置标注文字中的小数位数。

③ "分数格式"：设置分数格式。

④ "小数分隔符"：设置用于十进制格式的分隔符。

⑤ "舍入"：为除"角度"之外的所有标注类型设置标注测量值的舍入规则。如果输入 0.25，则所有标注距离都以 0.25 为单位进行舍入。如果输入 1.0，则所有标注距离都将舍入为最接近的整数。小数点后显示的位数取决于"精度"设置。

⑥ "前缀"：在标注文字中包含前缀。可以输入文字或使用控制代码显示特殊符号。例如，输入控制代码"%%c"显示直径符号，控制代码如表 6-1 所示。当输入前缀时，将覆盖在直径和半径等标注中使用的任何默认前缀。如果指定了公差，前缀将添加到公差和主标注中。

表 6-1 控制代码

控制码	相对应特殊字符功能
%%O	打开或关闭文字上划线功能
%%U	打开或关闭文字下划线功能
%%D	标注符号"度"（°）
%%P	标注正负号（±）
%%C	标注直径（φ）
%%130	一级钢（加入 hztxt. shx 字体）
%%131	二级钢（加入 hztxt. shx 字体）
%%132	三级钢（加入 hztxt. shx 字体）

⑦ "后缀"：在标注文字中包含后缀。可以输入文字或使用控制代码显示特殊符号。例如，在标注文字中输入"mm"。输入的后缀将替代所有默认后缀。如果指定了公差，后缀将添加到公差和主标注中。

（2）"测量单位比例"

① "比例因子"：设置线性标注测量值的比例因子。建议不要更改此值的默认值 1.00。例如，输入 2，则 1 英寸直线的尺寸将显示为 2 英寸。该值不应用到角度标注，也不应用到舍入值或者正负公差值。

② "仅应用到布局标注"：仅将测量单位比例因子应用于布局视口中创建的标注。除非使用非关联标注，否则，该设置应保持取消复选状态。

（3）"消零"

① 前导：不输出所有十进制标注中的前导零。例如，0.5000 变成.5000。

② 后续：不输出所有十进制标注中的后续零。例如，12.5000 变成 12.5、30.0000 变成 30。

（4）"角度标注"

① "单位格式"：设置角度单位格式。

② "精度"：设置角度标注的小数位数。

③ "消零"：控制是否禁止输出前导零和后续零。

前导：不输出角度十进制标注中的前导零。例如，0.5000 变成.5000。

后续：不输出角度十进制标注中的后续零。例如，12.5000 变成 12.5、30.0000 变成 30。

7. 换算单位

在"新建或修改标注样式"对话框中，使用【换算单位】选项卡可以设置尺寸线和尺寸界限的格式和位置，如图 6-12 所示。

在实际操作中，一般不启用该功能。

图 6-12　换算单位选项卡

8. "公差"选项卡

在"新建或修改标注样式"对话框中，使用【公差】选项卡可以设置尺寸线和尺寸界限的格式和位置，如图 6-13 所示。

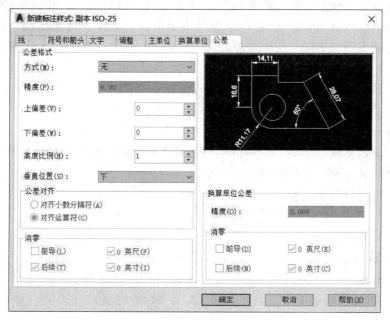

图 6-13　公差选项卡

（1）公差格式

① 方式：设置计算公差的方法。无：不添加公差。

② 精度：设置小数位数。

③ 上偏差：设置最大公差或上偏差。如果在"方式"中选择"对称"，则此值将用于公差。

④ 下偏差：设置最小公差或下偏差。

⑤ 高度比例：设置公差文字的当前高度。

⑥ 垂直位置：控制对称公差和极限公差的文字对正。

"上对齐"：公差文字与主标注文字的顶部对齐。

"中对齐"：公差文字与主标注文字的中间对齐。

"下对齐"：公差文字与主标注文字的底部对齐。

（2）公差对齐

① 对齐小数分隔符：通过值的小数分割符堆叠值。

② 对齐运算符：通过值的运算符堆叠值。

（3）消零

控制是否禁止输出前导零和后续零以及零英尺和零英寸部分。

（4）换算单位公差

设置换算公差单位的格式。

单击"确定"按钮完成设置，在"标注样式管理器"对话框的"样式"列表中选取"工程图"，并单击"置为当前"按钮，然后单击"关闭"按钮退出设置。至此，完成了一个模型空间标注用的"基本样式"的设置。

6.2　文字标注

建筑平面图文字标注内容包括平面功能标注、门窗编号标注、局部说明、图名标注等。文字标注可以新建一个文字样式，也可以直接应用默认文字样式"standard"。标注方法有单行文字标注和多行文字标注两种方法。

（1）单行文字标注

单击【注释】菜单项，在文字工具栏中单击【单行文字】按钮之后，命令行提示：

命令：_dtext

当前文字样式："Standard"　文字高度：2.5000　注释性：否

指定文字的起点或［对正(J)/样式(S)］：鼠标左键选择有标注位置处一点

指定高度 ＜2.5000＞：300(回车)

指定文字的旋转角度 ＜0＞：(回车)

输入标注文字，比如"构件"(回车两次)。

（2）多行文字标注

单击【注释】菜单项，在文字工具栏中单击【多单行文字】按钮之后，命令行提示：

命令：_mtext

当前文字样式："Standard"　文字高度：2.5　注释性：否

指定第一角点：鼠标左键选择有标注位置处一点

指定对角点或［高度(H)/对正(J)/行距(L)/旋转(R)/样式(S)/宽度(W)/栏(C)］：h

指定高度＜2.5＞：300(回车)

指定对角点或［高度(H)/对正(J)/行距(L)/旋转(R)/样式(S)/宽度(W)/栏(C)］：选择文字框对角点，并输入标注文字。

6.3　实用案例一——水泥预制板构件的标注

绘制案例

对如图 6-14 所示的水泥预制板构件进行标注。

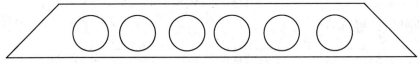

图 6-14　水泥预制板构件

分析案例

此案例可以将常用标注的各种形式应用起来，能综合运用尺寸标注的设置与标注。

操作案例

(1) 运用线性标注命令标注，命令行提示如下：

命令：_dimlinear

指定第一条尺寸界线原点或＜选择对象＞：

指定第二条尺寸界线原点：

指定尺寸线位置或

［多行文字(M)/文字(T)/角度(A)/水平(H)/垂直(V)/旋转(R)］：

标注文字 ＝ 305

结果如图 6-15 所示。

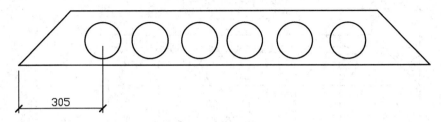

图 6-15　线性标注

(2) 运用连续标注命令标注，命令行提示如下：

命令：_dimcontinue

指定第二条尺寸界线原点或［放弃(U)/选择(S)］＜选择＞：

标注文字 ＝ 168

指定第二条尺寸界线原点或［放弃(U)/选择(S)］＜选择＞：

标注文字 = 177

指定第二条尺寸界线原点或［放弃(U)/选择(S)］＜选择＞：

标注文字 = 161

指定第二条尺寸界线原点或［放弃(U)/选择(S)］＜选择＞：

标注文字 = 180

指定第二条尺寸界线原点或［放弃(U)/选择(S)］＜选择＞：

标注文字 = 190

指定第二条尺寸界线原点或［放弃(U)/选择(S)］＜选择＞：

标注文字 = 296

指定第二条尺寸界线原点或［放弃(U)/选择(S)］＜选择＞：＊取消＊

结果如图 6-16 所示。

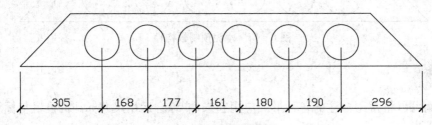

图 6-16　连续标注

(3) 运用线性标注命令标注,命令行提示如下：

命令：_dimlinear

指定第一条尺寸界线原点或＜选择对象＞：

指定第二条尺寸界线原点：

指定尺寸线位置或

［多行文字(M)/文字(T)/角度(A)/水平(H)/垂直(V)/旋转(R)］：

标注文字 = 305

结果如图 6-17 所示。

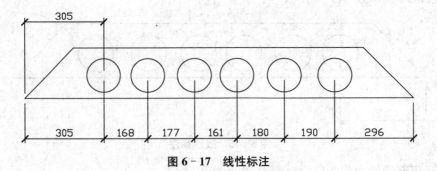

图 6-17　线性标注

(4) 运用基线标注命令标注,命令行提示如下：

命令：_dimbaseline

指定第二条尺寸界线原点或［放弃(U)/选择(S)］＜选择＞：

标注文字 ＝ 473

指定第二条尺寸界线原点或［放弃(U)/选择(S)］＜选择＞：

标注文字 ＝ 650

指定第二条尺寸界线原点或［放弃(U)/选择(S)］＜选择＞：

标注文字 ＝ 811

指定第二条尺寸界线原点或［放弃(U)/选择(S)］＜选择＞：

标注文字 ＝ 991

指定第二条尺寸界线原点或［放弃(U)/选择(S)］＜选择＞：

标注文字 ＝ 1181

指定第二条尺寸界线原点或［放弃(U)/选择(S)］＜选择＞：

标注文字 ＝ 1477

指定第二条尺寸界线原点或［放弃(U)/选择(S)］＜选择＞：＊取消＊

结果如图 6‑18 所示。

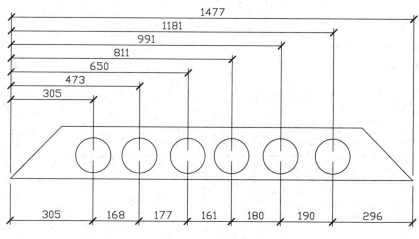

图 6‑18 基线标注

(5) 运用对齐标注命令，命令行提示如下：

命令：_dimaligned

指定第一条尺寸界线原点或＜选择对象＞：

指定第二条尺寸界线原点：

指定尺寸线位置或

［多行文字(M)/文字(T)/角度(A)］：

标注文字 ＝ 269

(6) 运用半径标注命令，命令行提示如下：

命令：_dimradius

选择圆弧或圆：

标注文字 ＝ 64

指定尺寸线位置或［多行文字(M)/文字(T)/角度(A)］：

(7) 运用直径标注命令,命令行提示如下:

命令:_dimdiameter

选择圆弧或圆:

标注文字 = 128

指定尺寸线位置或 [多行文字(M)/文字(T)/角度(A)]:＊取消＊

(8) 运用角度标注命令,命令行提示如下:

命令:_dimangular

选择圆弧、圆、直线或 ＜指定顶点＞:

选择第二条直线:

指定标注弧线位置或 [多行文字(M)/文字(T)/角度(A)]:

标注文字 = 45

(9) 运用文字标注命令标注,命令行提示如下:

命令:_dtext

当前文字样式:Standard   当前文字高度:50.0000

指定文字的起点或 [对正(J)/样式(S)]:

指定高度 ＜50.0000＞:60

指定文字的旋转角度 ＜0＞:

输入文字:水泥预制板构件

输入文字:/

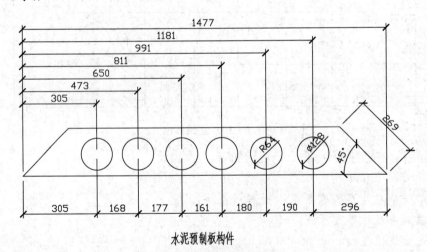

水泥预制板构件

图 6-19 完成图形

尺寸标注结束,结果如图 6-19 所示。

案 例 总 结

一、线性标注

线性标注命令提供水平或者垂直方向上的长度尺寸标注,命令的激活方式如下:

(1) 标注工具栏:"线性"按钮

（2）下拉菜单：[标注][线性]

（3）命令窗口：dimlinear ↙

二、对齐标注

对齐标注命令提供与拾取的标注点对齐的长度尺寸标注，命令的激活方式如下：

（1）标注工具栏：

（2）下拉菜单：[标注][对齐]

（3）命令窗口：dimaligned ↙

三、角度标注

AutoCAD 可以对两条非平行直线形成的夹角、圆或圆弧的夹角或者是不共线的三个点进行角度标注，标注值为度数。

角度标注命令的激活方式如下：

（1）标注工具栏：

（2）下拉菜单：[标注][角度]

（3）命令窗口：dimangular ↙

四、半径和直径的标注

在 AutoCAD 中，使用半径或直径标注，可以标注圆或圆弧的半径或直径，使用圆心标注可以标注圆或圆弧的圆心。

半径和直径的标注命令的激活方式如下：

（1）标注工具栏：

（2）下拉菜单：[标注][半径]；[标注][直径]

（3）命令窗口：dimradius dimdiameter

五、基线标注

基线标注命令用以标注具有同一基准线的多个平行尺寸，各尺寸线平行且间距相等。尺寸线间距可在标注样式管理器中设置。

基线标注命令的激活方式如下：

（1）基线标注工具栏：

（2）下拉菜单：[标注][基线]

（3）命令窗口：dimbaseline ↙

六、连续标注

连续标注是首尾相连的尺寸（第一个尺寸和最后一个尺寸除外）标注，其结果是所有尺寸均在同一直线上。连续标注的方法与基线标注相似，在激活连续标注之前，也要先用线性或角度标注的方法完成作为标注基准的线性或角度标注。

连续标注命令的激活方式如下：

（1）标注工具栏：

（2）下拉菜单：[标注][连续]

（3）命令窗口：dimcontinue ↙

案例拓展

拓展案例 1：完成如图 6－20 所示图形的线性标注。

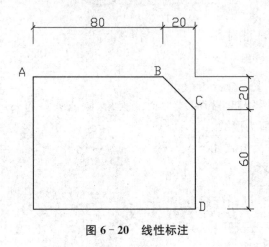

图 6－20　线性标注

操作步骤

（1）激活命令，命令提示行提示如下：

指定第一条延伸线原点或 ＜选择对象＞：（拾取 A 点作为标注线性尺寸的第一点）

指定第二条延伸线原点：（拾取 B 点作为标注线性尺寸的第一点）

指定尺寸线位置或[多行文字(M)/文字(T)/角度(A)/水平(H)/垂直(V)/旋转(R)]：（向上拉出标注尺寸线，自定义合适的尺寸线位置）

标注文字 ＝ 80

（2）按回车键继续执行线性标注命令，命令提示行提示如下：

命令：_dimlinear

选择标注对象：（选择 B、C 点间的斜线段）

指定尺寸线位置或[多行文字(M)/文字(T)/角度(A)/水平(H)/垂直(V)/旋转(R)]：

标注文字 ＝ 20

（3）重复步骤（2），在拉出尺寸线的时候向右拉，可以拉出垂直方向的线性标注。

（4）按回车键继续执行线性标注命令，对 CD 段进行标注。

需要说明的是，在拾取标注点的时候一定要打开对象捕捉功能，精确地拾取标注对象的特征点，这样才能在标注与标注之间建立关联性，也就是说，标注值会随着标注对象的修改而自动更新。

拓展案例 2：完成如图 6－21 所示图形的对齐标注。

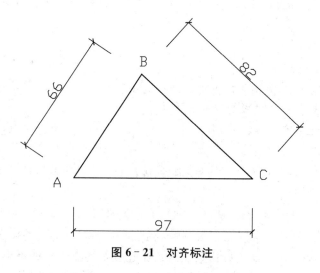

图 6-21　对齐标注

操作步骤

命令：_dimaligned

指定第一条延伸线原点或 <选择对象>：（拾取图中的 A 点）

指定第二条延伸线原点：（拾取图中的 B 点）

指定尺寸线位置或[多行文字(M)/文字(T)/角度(A)]：

标注文字 = 66

命令：_dimaligned

指定第一条延伸线原点或 <选择对象>：（拾取图中的 B 点）

指定第二条延伸线原点：（拾取图中的 C 点）

指定尺寸线位置或[多行文字(M)/文字(T)/角度(A)]：

标注文字 = 16

完成标注。

拓展案例 3：完成如图 6-22 所示图形的角度标注。

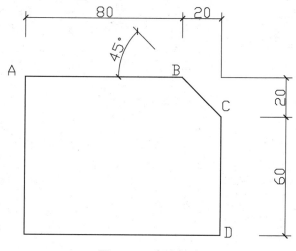

图 6-22　角度标注

操作步骤

命令：_dimangular

选择圆弧、圆、直线或＜指定顶点＞：(选择直线段)

选择第二条直线：(选择直线段右面的斜线段)

指定标注弧线位置或［多行文字(M)/文字(T)/角度(A)/象限点(Q)］：

标注文字 ＝ 45

角度标注所拉出的尺寸线的方向将影响到标注结果，两条直线段之间的角度在不同的方向可以形成 4 个角度值。

角度标注也可以用到圆或圆弧上，在激活命令的第一个提示"选择圆弧、圆、直线或＜指定顶点＞"下，用户可以选择圆或者圆弧，然后可分别进行下面的操作：

如果选择圆弧，AutoCAD 会自动标注出圆弧起点及终点围成的扇形角度。

如果选择圆，则标注出拾取的第一点和第二点间围成的扇形角度，标注结果如图 6 - 23 所示。

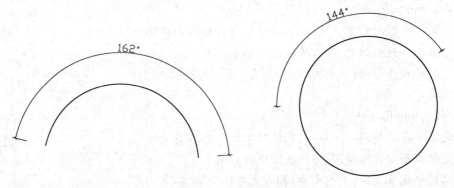

图 6 - 23   角度标注

拓展案例 4：完成如图 6 - 24 所示图形的半径、直径标注。

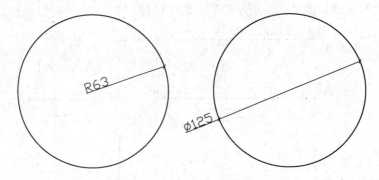

图 6 - 24   半径与直径标注

操 作 步 骤

（1）激活半径标注，命令行提示如下：

命令：_dimradius

选择圆弧或圆：（选择图形左上角的圆弧）

标注文字 = 63

指定尺寸线位置或［多行文字(M)/文字(T)/角度(A)］：（拉出标注尺寸线，自定义合适的尺寸线位置）

（2）激活直径标注，命令行提示如下：

命令：_dimdiameter

选择圆弧或圆：（选择图形右边两个圆中的外圆）

标注文字 = 125

指定尺寸线位置或［多行文字(M)/文字(T)/角度(A)］：（拉出标注尺寸线，自定义合适的尺寸线位置）

标注完成的结果如图 6-24 所示。

拓展案例 5：完成如图 6-25 所示图形的基线标注。

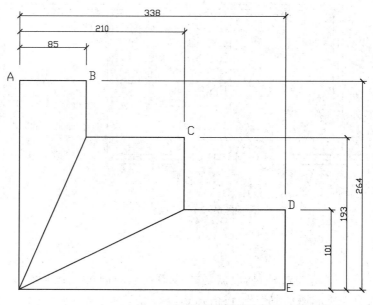

图 6-25　基线标注

操 作 步 骤

（1）由于没有基准标注，所以需要在 A、B 两点间创建一个线性标注。单击"标注"工具栏上的"线性"按钮，激活线性标注命令，命令行提示如下：

命令：_dimlinear

指定第一条延伸线原点或〈选择对象〉：（拾取图中的 A 点）

指定第二条延伸线原点：（拾取图中的 B 点）

指定尺寸线位置或[多行文字(M)/文字(T)/角度(A)/水平(H)/垂直(V)/旋转(R)]:

标注文字 =21

(2) 单击"标注"工具栏上的"基线"按钮,AutoCAD 会直接以刚才执行完的线性标注作为基准标注,提示输入下一个尺寸点。依次拾取图中的 C、D 点,会得到完整的基线标注,步骤如下:

命令:dimbaseline

指定第二条延伸线原点或[放弃(U)/选择(S)]<选择>:(拾取图中的 C 点)

标注文字 = 42

指定第二条延伸线原点或[放弃(U)/选择(S)]<选择>:(拾取图中的 D 点)

标注文字 = 63

指定第二条延伸线原点或[放弃(U)/选择(S)]<选择>:(直接按回车键)

选择连续标注:(直接按回车键结束命令)

(3) 重复步骤(1)(2),可以标注出垂直方向的基线标注,结果如图 6-25 所示。

拓展案例 6:完成如图 6-26 所示图形的连续标注。

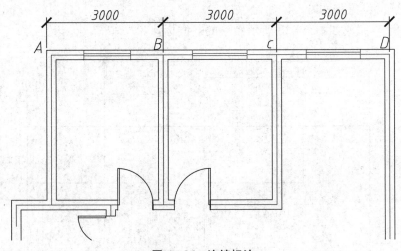

图 6-26 连续标注

操作步骤

(1) 同样由于没有基准标注,所以需要在 A、B 两点间创建一个线性标注。单击"标注"工具栏上的"线性"按钮,激活线性标注命令,命令行提示如下:

命令:_dimlinear

指定第一条延伸线原点或 <选择对象>:(拾取图中的 A 点)

指定第二条延伸线原点:(拾取图中的 B 点)

指定尺寸线位置或[多行文字(M)/文字(T)/角度(A)/水平(H)/垂直(V)/旋转(R)]:

标注文字=3000

(2) 单击"标注"工具栏上的"连续"按钮,AutoCAD 会直接以刚才执行完的线性标注作为基准标注,提示输入下一个尺寸点。依次拾取图中的 C、D 点,会得到完整的连续标注,步骤如下:

命令:_dimcontinue

指定第二条延伸线原点或［放弃(U)/选择(S)］＜选择＞:(拾取图中的 C 点)

标注文字 ＝ 3000

指定第二条延伸线原点或［放弃(U)/选择(S)］＜选择＞:(拾取图中的 D 点)

标注文字 ＝ 3000

指定第二条延伸线原点或［放弃(U)/选择(S)］＜选择＞:(直接按回车键)

选择连续标注:(直接按回车键结束命令)

完成标注。

6.4　实用案例二——建筑平面图的标注

绘制案例

对如图 6 - 27 所示建筑图进行标注(尺寸标注、文字标注以及引线)。

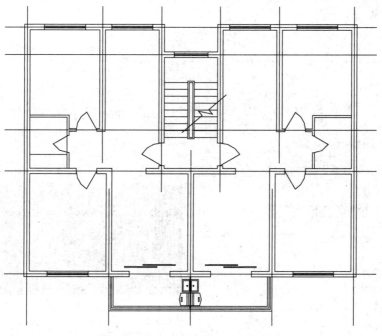

图 6 - 27　标注前建筑平面图

分析案例

建筑平面图的标注一般分为三道尺寸线,为细部构件、单开间、总长度等。

操作案例

(1) 设置标注样式

① 设置"线"样式,如图 6 - 28 所示。

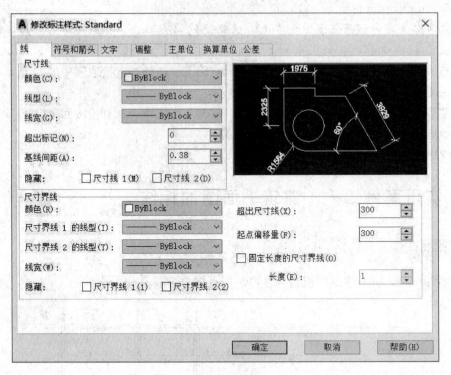

图 6－28　线

② 设置"符号和箭头"样式，如图 6－29 所示。

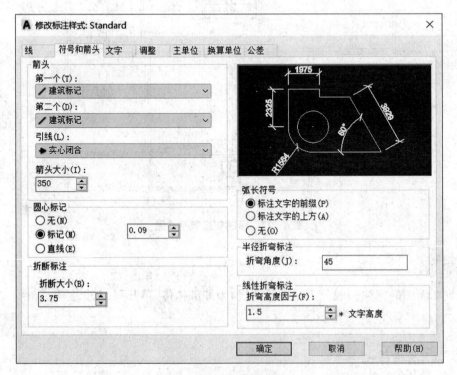

图 6－29　符号和箭头

③ 设置"文字"样式,如图 6 - 30 所示。

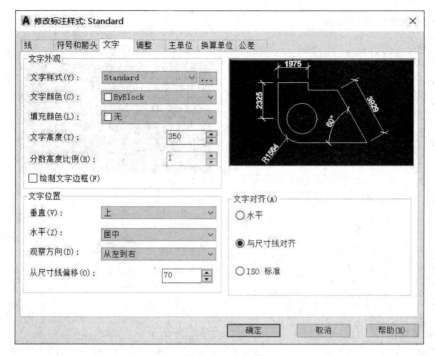

图 6 - 30　文字

④ 设置"调整"样式,如图 6 - 31 所示。

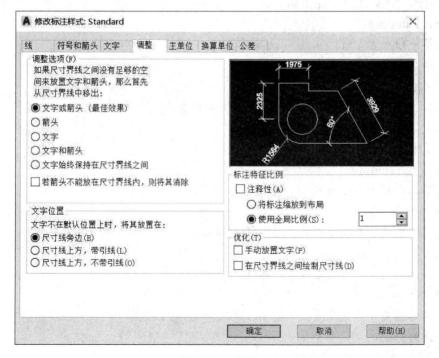

图 6 - 31　调整

⑤ 设置"主单位"样式，如图 6-32 所示。

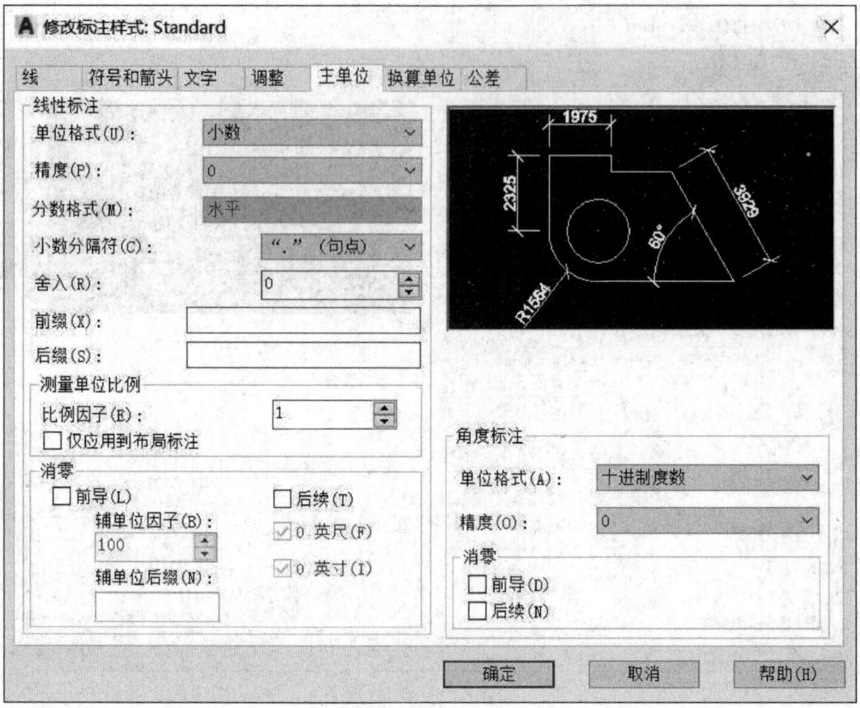

图 6-32　主单位

(2) 运用线性标注命令标注如下：

命令：_dimlinear

指定第一条尺寸界线原点或 <选择对象>：

指定第二条尺寸界线原点：

指定尺寸线位置或

[多行文字(M)/文字(T)/角度(A)/水平(H)/垂直(V)/旋转(R)]：

标注文字 = 3600

(3) 运用连续标注命令标注如下：

命令：_dimcontinue

指定第二条尺寸界线原点或 [放弃(U)/选择(S)] <选择>：

标注文字 = 3600

指定第二条尺寸界线原点或 [放弃(U)/选择(S)] <选择>：

标注文字 = 3600

指定第二条尺寸界线原点或 [放弃(U)/选择(S)] <选择>：

标注文字 = 3600

指定第二条尺寸界线原点或 [放弃(U)/选择(S)] <选择>：

选择连续标注：

(4) 运用线性标注命令标注如下：

命令：_dimlinear

指定第一条尺寸界线原点或 ＜选择对象＞：

指定第二条尺寸界线原点：

指定尺寸线位置或

[多行文字(M)/文字(T)/角度(A)/水平(H)/垂直(V)/旋转(R)]：

标注文字 ＝ 14400

命令：指定对角点：

(5) 运用线性标注命令标注如下：

命令：_dimlinear

指定第一条尺寸界线原点或 ＜选择对象＞：

指定第二条尺寸界线原点：

指定尺寸线位置或

[多行文字(M)/文字(T)/角度(A)/水平(H)/垂直(V)/旋转(R)]：

标注文字 ＝ 3300

(6) 运用连续标注命令标注如下：

命令：_dimcontinue

指定第二条尺寸界线原点或 [放弃(U)/选择(S)] ＜选择＞：

标注文字 ＝ 2600

指定第二条尺寸界线原点或 [放弃(U)/选择(S)] ＜选择＞：

标注文字 ＝ 2600

指定第二条尺寸界线原点或 [放弃(U)/选择(S)] ＜选择＞：

标注文字 ＝ 2600

指定第二条尺寸界线原点或 [放弃(U)/选择(S)] ＜选择＞：

标注文字 ＝ 3300

指定第二条尺寸界线原点或 [放弃(U)/选择(S)] ＜选择＞：

选择连续标注：＊取消＊

(7) 运用线性标注命令标注如下：

命令：_dimlinear

指定第一条尺寸界线原点或 ＜选择对象＞：

指定第二条尺寸界线原点：

指定尺寸线位置或

[多行文字(M)/文字(T)/角度(A)/水平(H)/垂直(V)/旋转(R)]：

标注文字 ＝ 14400

(8) 运用线性标注命令标注如下：

命令：_dimlinear

指定第一条尺寸界线原点或 ＜选择对象＞：

指定第二条尺寸界线原点：

指定尺寸线位置或

[多行文字(M)/文字(T)/角度(A)/水平(H)/垂直(V)/旋转(R)]：

标注文字 ＝ 4500

（9）运用连续标注命令标注如下：

命令：_dimcontinue

指定第二条尺寸界线原点或 [放弃(U)/选择(S)] <选择>：

标注文字 = 1800

指定第二条尺寸界线原点或 [放弃(U)/选择(S)] <选择>：

标注文字 = 3300

指定第二条尺寸界线原点或 [放弃(U)/选择(S)] <选择>：

标注文字 = 1200

指定第二条尺寸界线原点或 [放弃(U)/选择(S)] <选择>：

选择连续标注：* 取消 *

（10）运用线性标注命令标注如下：

命令：_dimlinear

指定第一条尺寸界线原点或 <选择对象>：

指定第二条尺寸界线原点：

指定尺寸线位置或

[多行文字(M)/文字(T)/角度(A)/水平(H)/垂直(V)/旋转(R)]：

标注文字 = 10800

命令：_dimlinear

指定第一条尺寸界线原点或 <选择对象>：

指定第二条尺寸界线原点：

指定尺寸线位置或

[多行文字(M)/文字(T)/角度(A)/水平(H)/垂直(V)/旋转(R)]：

标注文字 = 4500

命令：_dimcontinue

指定第二条尺寸界线原点或 [放弃(U)/选择(S)] <选择>：

标注文字 = 1800

指定第二条尺寸界线原点或 [放弃(U)/选择(S)] <选择>：

标注文字 = 3300

指定第二条尺寸界线原点或 [放弃(U)/选择(S)] <选择>：

标注文字 = 1200

指定第二条尺寸界线原点或 [放弃(U)/选择(S)] <选择>：

选择连续标注：* 取消 *

命令：_dimlinear

指定第一条尺寸界线原点或 <选择对象>：

指定第二条尺寸界线原点：

指定尺寸线位置或

[多行文字(M)/文字(T)/角度(A)/水平(H)/垂直(V)/旋转(R)]：

标注文字 = 10800

命令：_qleader

指定第一个引线点或 [设置(S)] <设置>：

指定下一点：<正交 开>

指定下一点：

指定文字宽度 <0>：

输入注释文字的第一行 <多行文字(M)>：*取消*

命令：_line 指定第一点：

指定下一点或 [放弃(U)]：

指定下一点或 [放弃(U)]：

命令：_qleader

指定第一个引线点或 [设置(S)] <设置>：

指定下一点：

指定下一点：

指定文字宽度 <0>：

输入注释文字的第一行 <多行文字(M)>：*取消*

命令：_dtext

当前文字样式：STANDARD   当前文字高度：2204

指定文字的起点或 [对正(J)/样式(S)]：

指定高度 <2204>：350

指定文字的旋转角度 <0>：

输入文字：厨房

输入文字：/

命令：

DTEXT

当前文字样式：STANDARD   当前文字高度：350

指定文字的起点或 [对正(J)/样式(S)]：

指定高度 <350>：

指定文字的旋转角度 <0>：

输入文字：卧室

输入文字：

命令：

DTEXT

当前文字样式：STANDARD   当前文字高度：350

指定文字的起点或 [对正(J)/样式(S)]：

指定高度 <350>：

指定文字的旋转角度 <0>：

输入文字：餐厅

输入文字：卧室

输入文字：客厅

输入文字：阳台

输入文字:/

命令:_mirror

选择对象:找到 1 个

选择对象:找到 1 个,总计 2 个

选择对象:找到 1 个,总计 3 个

选择对象:找到 1 个,总计 4 个

选择对象:找到 1 个,总计 5 个

选择对象:找到 1 个,总计 6 个

选择对象:

指定镜像线的第一点:指定镜像线的第二点:

是否删除源对象?[是(Y)/否(N)]<N>:/

尺寸标注结束,结果如图 6-33 所示。

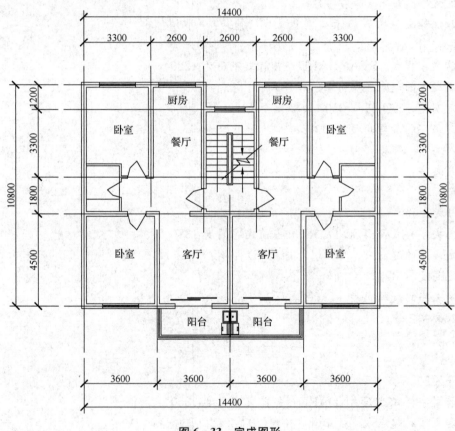

图 6-33 完成图形

案例总结

一、多重引线标注

如果标注倒角尺寸,或是一些文字注释、装配图的零件编号等,需要用引线来标注,多重引线标注可以帮助我们完成这样的工作。

（1）多重引线标注命令的激活方式如下：

（2）多重引线标注工具栏：

（3）下拉菜单：[标注][多重引线]

命令窗口：mleader

操作如下：

（1）单击"标注"工具栏中的"多重引线"按钮，激活命令，命令行提示如下：

命令：_mleader

指定引线箭头的位置或 [引线基线优先(L)/内容优先(C)/选项(O)]＜选项＞：（拾取图中的第一点）

指定引线基线的位置：（拾取图中的第二点）

此时会弹出多行文字格式对话框，输入需要标注的文字，如：柱子 KZ1，单击多行文字格式对话框中的"确定"按钮，完成标注。

标注完成后，可以通过修改图形对象来修改标注。另外，标注好的尺寸也可以利用编辑工具直接对其进行修改。

二、标注尺寸倾斜

1. 激活命令的方式如下

① 下拉菜单：[标注]→[倾斜(Q)]

② 工 具 栏：[标注]→[编辑标注]

③ 命 令 行：Dimedit

运用 Dimedit 命令可对尺寸标注的尺寸界线的位置、角度等进行编辑。

2. 选项说明

执行 Dimedit 命令后，命令行中提示："编辑标注：编辑文字(E)/倾斜线(O)/旋转文字(R)/＜恢复文字(RE)＞："，键入 O 后，系统提示："选取变为倾斜的直的标注："，完成命令后出现"输入倾斜角："。在此输入倾斜角度或按回车键（不倾斜），系统将按指定的角度调整线性标注尺寸界线的倾斜角度。

"倾斜线(O)"：执行该选项后，系统提示"选择对象"，在用户选取目标对象后，系统提示"输入倾斜角度"，在此输入倾斜角度或按回车键（不倾斜），系统按指定的角度调整线性标注尺寸界线的倾斜角度。

"旋转文字(R)"：执行该选项后，系统提示"指定标注文字的角度"，用户可在此输入所需的旋转角度；然后，系统提示"选择对象"；选取对象后，系统将选中的标注文字按输入的角度放置。

"恢复文字(RE)"：执行该选项后，系统提示"选取还原文字的标注到缺省位置"，用户可在此选取还原文字的标注，回车后，系统将选中的标注文字重新定位到缺省位置。

三、编辑尺寸文本

有时候需要对标注好的尺寸文字内容进行修改，比方说在线性标注中增加其他符号等，可以利用文字编辑器进行修改。

在命令行键入"ddedit"，激活文字编辑命令。

选择注释对象或[放弃(U)]：（选择带标注值的线性标注），弹出"文字格式"编辑器。

编辑器中的数字带有背景,它代表关联的标注尺寸,也就是拾取的标注点之间的实际尺寸,尽量不要改动它,改动数字后会使标注的关联性丧失。也就是说,当修改了标注对象,标注值并不会自动更新。

四、利用对象特性管理器编辑尺寸标注

对象特性管理器是非常实用的工具,它可以对任何 AutoCAD 对象进行编辑,对于标注也不例外。在任意一个完成的标注上,右击或双击鼠标左键,将会弹出"特性"对话框,如图 6－34、6－35 所示。可以看到,在这里可以对标注样式到标注文字的几乎全部设置进行编辑。

图 6－34　编辑菜单

图 6－35　"特性"菜单

课后作业

- 完成第 3 章、第 4 章、第 5 章绘制好的建筑平面图、立面图、剖面图的尺寸标注与文字标注。

第7章　共享设计资源以及图形打印输出

教学目标与要求

◇　熟悉使用 AutoCAD 提供的共享资源设计辅助工具，提高绘图效率；

◇　掌握图形输出的各项设置；

◇　掌握从模型空间与图纸空间打印图形的方法。

7.1　共享设计资源

AutoCAD 2019 提供了很多资源共享辅助工具，如设计中心、工具选项板、网络功能、查询工具、CAD 标准等，使用这些命令可以大大提高设计绘图的效率。

7.1.1　AutoCAD 设计中心简介

AutoCAD 设计中心（AutoCAD DesignCenter）提供了一个直观、高效的工具。它与Windows 管理器类似，利用该设计中心，不仅可以浏览、查找、预览和管理 AutoCAD 图形、块、外部引用（参照）及光栅图像等不同的资源文件，而且还可以通过简单的拖放操作，将位于本地计算机、局域网或 Internet 上的块、图层和外部参照等内容插入到当前图形，实现已有资源的再利用和共享，提高图形的管理和图形设计的效率。

7.1.2　AutoCAD 设计中心的功能

通过 AutoCAD 设计中心可以完成以下功能：

（1）浏览图形内容不同的数据资源。

（2）查看块、层等实体的定义，并可复制、粘贴到当前图形中。

（3）创建经常访问的图形、文件夹、插入位置及 Internet 网址的快捷方式。

（4）在本地计算机或网络中，查找图形目录，可以根据图形文件中包含的块、层的名称搜索，或根据文件的最后保存日期搜索。查找到文件后，可以在设计中心中打开，或拖拽到当前图形中。

（5）在设计中心的图形窗口中把文件拖拽到当前图形区域。

7.1.3   AutoCAD 设计中心可以访问的数据类型

通过 AutoCAD 设计中心可以访问以下数据类型：

(1) 作为块或外部引用的图形实体。

(2) 在图形中的块的引用。

(3) 其他图形内容，如层、线型、布局、文本格式、尺寸标注等。

(4) 用第三方应用程序开发的内容。

7.1.4   打开和关闭 AutoCAD 设计中心

1. 打开 AutoCAD 设计中心

(1) 键盘输入：命令"Adcenter"，回车。

(2) 下拉菜单：工具(T)→设计中心(G)。

(3) 工具条：在"标准"工具条中，单击"设计中心"图标按钮。

(4) 组合键：按下"CTRL＋2"组合键。

此时，弹出"设计中心"窗口界面，如图 7-1 所示。

2. 关闭 AutoCAD 设计中心

(1) 键盘输入：命令"ADCCLOSE"，回车。

(2) 下拉菜单：工具(T)→设计中心(G)。

(3) 工具条：在"标准"工具条中，单击"设计中心"图标按钮。

(4) 组合键：按下"CTRL＋2"组合键。

(5) 关闭按钮：直接单击"设计中心"标题栏上的"×"关闭按钮。

7.1.5   "设计中心"窗口界面

"设计中心"界面采用的也是 Windows 系统的标准界面，因此看上去与 Windows 系统的资源管理器非常相似。在结构和使用方面，这两者有非常相似的部分。

1. "设计中心"窗口界面选项卡

"设计中心"窗口界面中包括"文件夹""打开的图形""历史记录"和"联机设计中心"四个选项卡，如图 7-1 所示。选择不同的选项卡，"设计中心"窗口界面显示的内容也不相同。

(1) "文件夹"选项卡   单击该选项卡，弹出"设计中心"窗口界面的"文件夹"选项卡形式，如图 7-1 所示。用于显示"设计中心"资源，可以将"设计中心"的内容设置为本地计算机桌面，或是本地计算机资源信息，也可以是网上邻居的信息。

(2) "打开的图形"选项卡   单击该选项卡，弹出"设计中心"窗口界面的"打开图形"选项卡形式，如图 7-2 所示。用于显示在当前 AutoCAD 环境中打开的所有图形，其中包括最小化了的图形。此时单击某个文件图标，就可以看到该图形的有关设置，如图层、线型、文字样式、块及尺寸样式等。

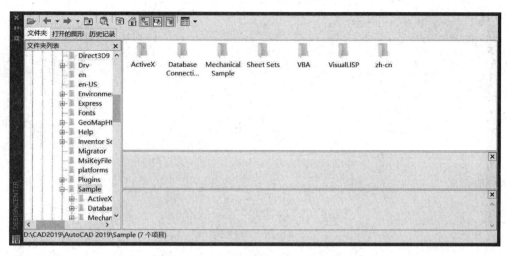

图 7－1　设计中心窗口界面选项卡

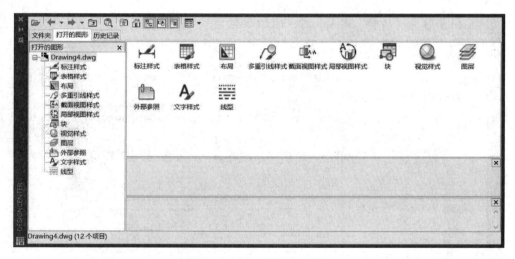

图 7－2　打开的图形选项卡

（3）"历史记录"选项卡　单击该选项卡，弹出"设计中心"窗口界面的"历史记录"选项卡形式，如图 7－3 所示。用于显示最近访问过的文件，包括这些文件的完整路径。

（4）"联机设计中心"选项卡　单击该选项卡，弹出"设计中心"窗口界面的"联机设计中心"选项卡形式，如图 7－4 所示。用于在 Internet 上实现信息的共享。

图 7-3   历史记录选项卡

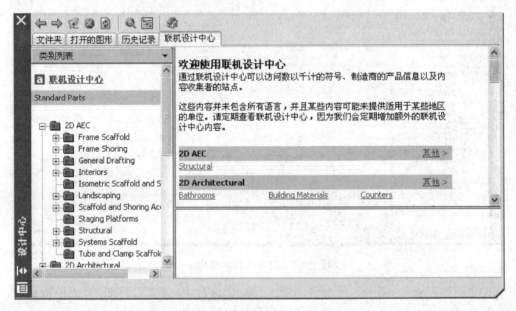

图 7-4   联机设计中心选项卡

2."设计中心"窗口界面工具条

在"设计中心"窗口界面上有一个工具条,用于对设计中心进行各种操作,如图 7-5 所示。

图 7-5   设计中心窗口界面工具条

"设计中心"窗口界面工具条说明:

(1)"加载"按钮   打开"加载"对话框,加载图形。

（2）"上一页"按钮　将在"设计中心"的操作页向上返翻一页。单击该按钮右侧的下拉箭头，将弹出一翻页列表框，以显示翻页的内容。

（3）"下一页"按钮　将在"设计中心"的操作页向下翻一页。单击该按钮右侧的下拉箭头，将弹出一翻页列表框，以显示翻页的内容。

（4）"上一级"按钮　将在"设计中心"的操作页向上翻一级。

（5）"搜索"按钮　打开"搜索"对话框，用于快速查找对象。

（6）"收藏夹"按钮　可以在"文件夹列表中"显示 Favorites/Autodesk 文件夹（即收藏夹）中的内容。可以通过收藏夹来标记存放在本地硬盘、网络驱动器或 Internet 网页上常用的文件。

（7）"主页"按钮　可以快速找到"设计中心"文件夹。

（8）"树状图切换"切换按钮　可以显示或隐藏树状视图。

（9）"预览"切换按钮　可以打开或关闭预览窗口。

（10）"说明"按钮　可以打开或关闭说明窗口。

（11）"视图显示格式"按钮　在弹出的下拉菜单中，选择项目列表控制面板所显示内容的显示格式。该下拉菜单包括"大图标""小图标""列表""详细信息"等选项。

3. "设计中心"树状图显示窗口

树状显示窗口按层次列出了本地和网络驱动器上打开的图形、自定义内容、文件和文件夹等内容。单击符号"＋"或"－"可以扩展或折叠子层次。选择某个项目可在项目列表控制面板中显示出内容。

7.1.6　AutoCAD 设计中心窗口界面操作快捷菜单

在项目列表控制面板区域内的空白处单击鼠标右键，弹出一个"设计中心"窗口操作的快捷菜单，如图 7 - 6 所示。

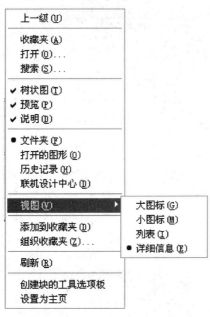

图 7 - 6　设计中心窗口操作快捷菜单

快捷菜单说明：

（1）"添加到收藏夹（D）"

将内容添加到 AutoCAD 的 Autodesk 收藏夹中。单击该选项后，在 AutoCAD 收藏夹中添加选定的内容。

（2）"组织收藏夹…"

组织管理收藏夹。单击该选项后，弹出一个"Autodesk（收藏夹组织管理）"对话框，可以对收藏夹中的各个文件夹进行管理和打开文件夹。

（3）"刷新（R）"

将图形文件添加到文件夹后，刷新树状显示窗口才能反映出文件中的新变化。

（4）"打开（O）…"

它与"设计中心"工具条中的"加载"按钮功能相同。

其他各选项及功能与"设计中心"工具条中相应选项及功能相同。

在"设计中心"中查找内容：

在"设计中心"中通过"搜索"对话框可以快速搜索图形、块、图层、尺寸样式等图形内容及设置。另外，在搜索时还可以设置查找条件来缩小搜索范围。

在"搜索"对话框的"搜索"下拉列表框中设置的搜索对象不同，"搜索"对话框的形式也不相同。以在"查找"下拉列表框中选择了"图形"选项为例，此时，在"搜索"对话框中包含有"图形""修改日期"和"高级"三个选项卡，用于搜索图形文件。

（1）"图形"选项卡

在"搜索"对话框中，单击"图形"选项卡，对话框形式如图 7-7 所示。在该对话框中，可根据指定"搜索"路径、"搜索文字"和"搜索字段"等条件查找图形文件。

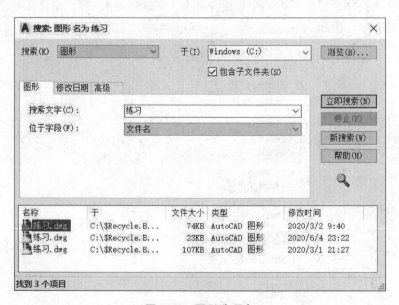

图 7-7　图形选项卡

（2）"修改日期"选项

在"搜索"对话框中，单击"修改日期"选项卡，对话框形式如图 7-8 所示。在该对话框中,可根据指定图形文件的创建或上一次修改日期,或指定日期范围等条件查找图形文件。

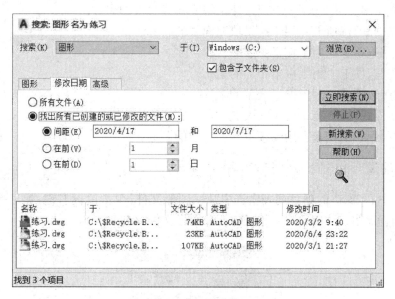

图 7 - 8　修改日期选项

(3)"高级"选项卡

在"搜索"对话框中,单击"高级"选项卡,对话框形式如图 7 - 9 所示。在该对话框中,可根据指定其他参数等条件,如输入文字说明或文件的大小范围等条件进行搜索图形文件。

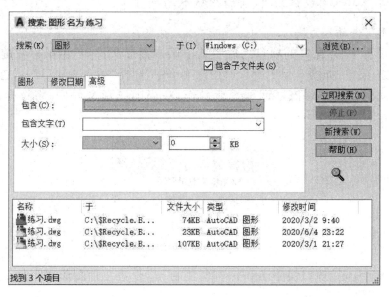

图 7 - 9　高级选项卡

在"搜索"下拉列表框中选择不同的对象时,"查找"对话框将显示不同对象内容选项卡的形式,如:

①"块"选项卡　用于搜索块的名称。

②"标注样式"选项卡　用于搜索标注样式的名称。

③"图形和块"选项卡　用于搜索图形和块的名称。

④"填充图案文件"选项卡　用于搜索填充模式文件的名称。

⑤"填充图案"选项卡　用于搜索填充模式的名称。

⑥"图层"选项卡　用于搜索图层的名称。

⑦"布局"选项卡　用于搜索布局的名称。

⑧"线型"选项卡　用于搜索线型的名称。

⑨"文字样式"选项卡　用于搜索文字样式的名称。

⑩"外部参照"选项卡　用于搜索外部参照的名称。

7.1.7　通过设计中心打开图形文件

在"设计中心"窗口的项目列表中选中某一图形文件,单击鼠标右键,弹出一快捷菜单,选择"在应用程序窗口中打开(O)"选项,打开图形文件,如图 7-10 所示。

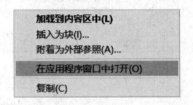

图 7-10　在应用程序窗口中打开选项

7.1.8　使用 AutoCAD 设计中心插入块和外部参照

1. 将图形文件插入为块

(1) 在"设计中心"窗口的项目列表中选中某一图形文件,单击鼠标右键,弹出"设计中心"窗口快捷菜单,如图 7-11 所示。在该菜单中,选择"插入为块(I)…"选项,此时,弹出"插入"对话框。通过对该对话框进行操作,在当前图形文件中,将选择的图形插入为块。

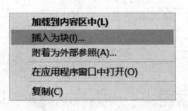

图 7-11　插入为块选项

(2) 在"设计中心"窗口快捷菜单中选择"复制"选项,在当前图形文件中,通过提示将选择的图形粘贴为块。

(3) 在"设计中心"窗口的项目列表中选中某一图形文件,按下鼠标右键,将该图形文件拖动到绘图窗口并释放右键,此时,弹出一快捷菜单,选择"插入为块(I)…"选项,将选择的图形文件插入为块,如图 7-11 所示。

（4）在"设计中心"窗口的项目列表中选中某一图形文件，按下鼠标左键，将该图形文件拖动到绘图窗口并释放左键，根据提示，将选择的图形文件插入为块。

2. 将块插入到当前图形文件中

在"设计中心"窗口的项目列表中选中某一块后，参照图形文件插入为块的操作方法和过程。另外，也可以双击某一块的名称，此时，弹出"插入"对话框，完成块的插入。

3. 外部参照插入

在"设计中心"窗口快捷菜单，选择"附着为外部参照（A）…"选项，或在释放右键快捷菜单，选择"附着为外部参照（A）…"选项，将选择的图形文件插入为外部参照。

4. 光栅图像的插入

AutoCAD 设计中心还可以引入光栅图像。引入的图像可以用于制作描绘的底图，也可用作图标等。在 AutoCAD 中，图像文件类似于一种具有特定大小、旋转角度的特定外部参照。

从 AutoCAD 设计中心引入外部图像文件的方法如下：

在"设计中心"窗口的"项目列表"中选择光栅图像的图标后，可采用：

（1）单击鼠标右键，弹出一快捷菜单，选择"附着图像（A）…"选项，在当前图形文件中，将选择的光栅图像插入。

（2）单击鼠标右键，弹出一快捷菜单，选择"复制"选项，在当前图形文件中，将选择的光栅图像粘贴插入。

（3）按下鼠标右键，将该光栅图像拖至绘图窗口并释放右键，此时，弹出一快捷菜单，选择"附着图像（A）…"选项，在当前图形文件中，将选择的光栅图像插入。

（4）按下鼠标左键，将该光栅图像拖至绘图窗口并释放左键，此时，将选择的光栅图像插入。

（5）双击光栅图像图标，弹出"图像"对话框，完成光栅图像的插入。

7.1.9　插入自定义式样

AutoCAD 设计中心可以非常方便地调用某个图形的式样，并将其插入到当前编辑的图形文件中。图形的自定义式样包括图层、图块、线型、标注式样、文字式样、布局式样等。在 AutoCAD 设计中心里，要将这些式样插入到当前图形中，只需在其中选择需要插入的内容，并将其拖放到绘图区域即可，也可以用右键菜单等操作来完成。

7.1.10　收藏夹的内容添加和组织

AutoCAD 设计中心提供了一种快速访问有关内容的方法：Favorites/Autodesk 收藏夹。使用时，可以将经常访问的内容放入该收藏夹。

1. 向 Autodesk 收藏夹添入访问路径

在"设计中心"窗口界面的"树状"显示窗口或"项目列表"窗口中，用鼠标右键单击选择要添加快捷路径的内容，在弹出的快捷菜单中选择"添加到收藏夹"选项，就可以在收藏夹中建立相应内容的快捷访问方式，但原始内容并没有移动。

2. 组织"收藏夹"中的内容

可以将保存到 Favorites/Autodesk 收藏夹内的快捷访问路径进行移动、复制或删除等操作；可以在 AutoCAD 设计中心背景处右击，从弹出的快捷菜单中选择"组织收藏夹"选项，此时弹出 Autodesk 窗口。该窗口用来显示 Favorites/Autodesk 收藏夹中的内容，可以利用该对话框进行相应的组织操作。同样，在 Windows 资源管理器和 IE 浏览器中，也可以进行添加、删除和组织收藏夹中的内容的操作。

7.2 多文档界面

AutoCAD 系统提供了多文档设计环境，即可以同时打开多个绘图文件。每个绘图文档相互独立又相互联系，通过 AutoCAD 提供的各种操作，非常方便地在各个绘图文档中交换信息，节约大量的操作时间，提高绘图效率。

7.2.1 多文档的屏幕显示"窗口(W)"菜单当前活动文档设置及多文档关闭

所谓活动绘图文档是指当前被选中的文档。所有绘图操作都在当前文档中进行。

1. "窗口(W)"下拉菜单

单击下拉菜单"窗口(W)"选项，弹出"窗口(W)"下拉菜单，如图 7 - 12 所示。该下拉菜单分为两个区，菜单的上半部分为文档窗口在屏幕上的排列方式，下半部分为已打开的绘图文档列表，在该列表中单击某一图形文件即可设置为当前活动文档。

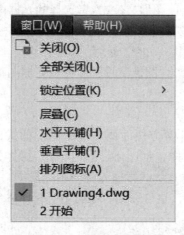

图 7 - 12 窗口下拉菜单

2. 新打开的文档

当新建文件时，系统自动设置为当前活动文档。

3. 设置为当前文档

可通过三种方法把打开的某一文档设置为当前文档：

(1) 在某个文档窗口的空白区域内或在图形文件的标题栏处单击鼠标左键。

(2) 在"窗口(W)"下拉菜单的下半部分选择某一图形文件，打开该图形文件。

(3) 使用快捷键 Ctrl+F6、Ctrl+Tab 进行多文档之间的转换，设置当前活动文档。

7.2.2　关闭当前绘图文档(CLOSE)

在多文档操作工作环境中,关闭当前正在绘制的图形文件的操作方法如下:
(1) 键盘输入　命令:"Close",回车。
(2) 下拉菜单　文件(F)→关闭(C)。

7.2.3　关闭全部多文档(CLOSEALL)

在多文档操作工作环境中,关闭全部打开的图形文件的操作方法如下:
(1) 键盘输入　命令:"Closeall",回车。
(2) 下拉菜单　窗口(W)→全部关闭(L)。

7.2.4　多文档命令并行执行

AutoCAD 支持在不结束某正在执行的绘图文档命令的情况下,切换到另一个文档进行操作,然后又回到该绘图文档继续执行该命令。

7.2.5　绘图文档间相互交换信息

AutoCAD 支持不同图形文件之间的复制、粘贴及"特性匹配"等图形信息交换操作。

7.3　AutoCAD 标准文件

在绘制复杂图形时,绘制图形的所有人员都要遵循一个共同的标准,使大家在绘制图形中的协调工作变得简单。AutoCAD 标准文件对图层、文本式样、线型、尺寸式样及属性等命名对象定义了标准设置,以保证同一单位、部门、行业及合作伙伴在所绘制的图形中对命名对象设置的一致性。

当用 AutoCAD 标准文件来检查图形文件是否符合标准时,图形文件中的所有命名对象都会被检查到。如果确定了一个对象使用了非标准文件,那么这个非标准对象将会被清除出当前图形。任何一个非标准对象都会被转换成标准对象。

7.3.1　创建 AutoCAD 标准文件

AutoCAD 标准文件是一个后缀为"DWS"的文件。创建 AutoCAD 标准文件的步骤:
(1) 新建一个图形文件,根据约定的标准创建图层、标注式样、线型、文本式样及属性等。
(2) 保存文件,弹出"图形另存为"对话框,在"文件类型(T)"下拉列表框中选择"Auto-CAD　图形标准(∗.dws)";在"文件名(N)"文本中,输入文件名;单击"保存(S)"按钮,即可创建一个与当前图形文件同名的 AutoCAD 标准文件。

7.3.2　配置标准文件

1. 功能

为当前图形配置标准文件,即把标准文件与当前图形建立关联关系。配置标准文件后,当前图形就会采用标准文件对命名对象(图层、线型、尺寸式样、文本式样及属性)进行各种设置。

2. 格式

（1）键盘输入　命令："STANDARDS"，回车。

（2）下拉菜单　工具(T)→CAD 标准(S)→光标菜单→配置(C)。

（3）工具条　在"CAD 标准"工具条中，单击"配置标准"图标按钮，如图 7‑13 所示。

图 7‑13　配置标准

此时，弹出"配置标准"对话框。在该对话框中有两个选项卡："标准"和"插入模块"。

3. "标准"选项卡

在"配置标准"对话框中，单击"标准"选项卡，对话框形式如图 7‑14 所示。把已有的标准文件与当前图形建立关联关系。

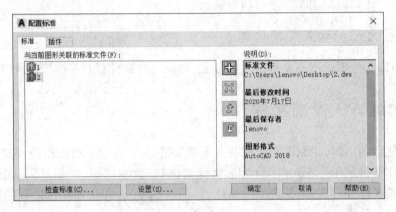

图 7‑14　配置标准对话框

（1）"与当前图形关联的标准文件(F)"显示列表框　列出了与当前图形建立关联关系的全部标准文件。可以根据需要给当前图形添加新标准文件，或从当前图形中消除某个标准文件。

（2）"添加标准文件(F3) 按钮"　给当前图形添加新标准文件。单击该按钮，弹出"选标准文件"对话框，用来选择添加的标准文件。

（3）"删除标准文件(Del)"按钮　将"与当前图形关联的标准文件(F)"显示列表框中选中的某一标准文件删除，即取消关联关系。

（4）"上移(F4)"和"下移(F5)"按钮　将"与当前图形关联的标准文件(F)"显示列表框中选择的标准文件上移或下移一个。

（5）快捷菜单　在"与当前图形关联的标准文件(F)"显示列表框，单击鼠标右键，弹出一个快捷菜单。通过该菜单完成有关操作。

（6）"说明(D)"栏　对选中标准文件的简要说明。

4. "插入模块"选项卡

在"配置标准"对话框中，单击"插入模块"选项卡，对话框形式如图 7‑15 所示。显示当前标准文件中的所有命名对象。

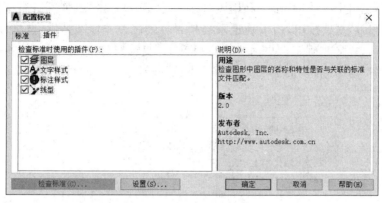

图 7－15　插入模块选项卡

7.3.3　标准兼容性检查

1. 功能

功能为分析当前图形与标准文件的兼容性，即 AutoCAD 将当前图形的每一命名对象与相关联标准文件的同类对象进行比较。如果发现有冲突，给出相应提示，以决定是否进行修改。

2. 格式

(1) 键盘输入　命令："CHECKSTANDARDS"，回车。

(2) 下拉菜单　工具(T)→CAD 标准(S)→检查(K)……

(3) 工具条　在"CAD 标准"工具条中，单击"检查标准"图标按钮。

(4) 对话框按钮　在"配置标准"对话框中，单击"检查标准(C)…"按钮，此时，弹出"检查标准"对话框，如图 7－16 所示。

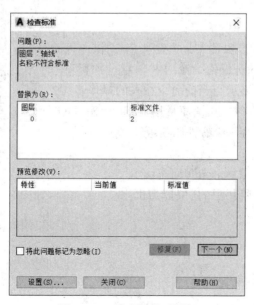

图 7－16　检查标准对话框

单击"设置(S)…"按钮(包括"配置标准"对话框中的"设置(S)…"按钮),弹出"CAD 标准设置"对话框,如图 7-17 所示。利用该对话框对"CAD 标准"的使用进行配置。"自动修复非标准特性(U)"复选按钮,用于确定系统是否自动修改非标准特性,选中该复选按钮后自动修改,否则根据要求确定;"显示忽略的问题(I)"复选按钮,用于确定是否显示已忽略的非标准对象;"建议用于替换的标准文件(P)"下拉列表框,用于显示和设置用于检查的 CAD 标准文件。

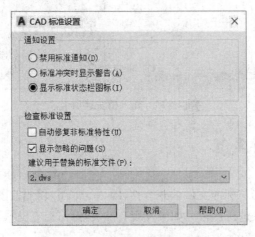

图 7-17   CAD 标准设置对话框

7.4   帮助系统

AutoCAD 系统提供了完善和便捷的帮助系统。

7.4.1   信息选项板

在"信息选项板"中的"快捷帮助"选项卡,提供了来自信息帮助系统的便捷信息。执行任何命令时,"信息选项板"中的"快捷帮助"选项卡窗口都将显示与当前命令相关的操作步骤列表。

调用该"信息选项板"中的"快捷帮助"选项卡窗口的方法:

(1) 下拉菜单   "帮助"→"信息选项板"。

(2) 组合键   "Ctrl+5"。

(3) 键盘输入   命令:"Assist",回车。

此时,弹出"信息选项板"中的"快捷帮助"选项卡窗口,如图 7-18 所示。

图 7-18   快捷帮助选项卡

7.4.2　使用帮助信息

可以使用软件提供的帮助信息,获得对系统功能的掌握与使用,调用方法为:

(1) 下拉菜单　"帮助"→"帮助"。

(2) 键盘输入　命令:"Help"或"?",回车。

(3) 快捷键　F1。

(4) 工具条　在"标准"工具条中,单击"帮助"图标按钮。

此时,弹出"AutoCAD 2019 帮助"窗口,如图 7-19 所示,通过对该对话框的操作可获得系统的各种帮助信息。

图 7-19　AutoCAD 2019 帮助窗口

图形参数查询是通过系统的查询(INQUIRY)功能来实现的。调用图形参数显示命令的方法为:

(1) 键盘输入　在"命令:"提示符下直接输入。

(2) 下拉菜单　工具(T)→查询(I)→光标菜单。

(3) 工具条　利用"查询"工具条输入命令。

7.4.3　求面积

1. 功能

求出指定图形的面积和周长。可以从当前已测量出的面积中加上或减去其后面测量的面积。

2. 格式

(1) 键盘输入　命令:"Area",回车。

(2) 下拉菜单　工具(T)→查询(I)→光标菜单→面积(A)。

(3) 工具条　在"查询"工具条中,单击"面积"图标按钮。

提示:指定第一个角点或[对象(O)/加(A)/减(S)]:(输入选择项),回车。

3. 选择项说明

(1) 指定第一个角点　为默认选项,要求确定第一角点。

(2) 对象(O)　输入该选项后,用于求指定实体对象所围成区域的面积和周长。

(3) 加(A)　加入模式。

(4) 减(S)　扣除模式。

在加入模式提示下键入"S"或在扣除模式提示下键入"A"可实现两种模式的转换。

7.4.4　求距离命令

1. 功能

测量指定两点间的距离、坐标增量和过两点所连直线与 X 轴的夹角。

2. 格式

(1) 键盘输入　命令:"Dist",回车。

(2) 下拉菜单　工具(T)→查询(I)→光标菜单→距离(D)。

(3) 工具条　在"查询"工具条中,单击"距离"图标按钮。

提示:指定第一点:(选择第一点)

指定第二点:(选择第二点)

此时,显示如下信息:

距离=(两点间的距离),XY 平面中的倾角=(两点连线在 XY 平面内的投影与 X 轴正方向的夹角),与 XY 平面的夹角 =(两点连线与 XY 平面的夹角)、X 增量 =(两点的 X 坐标差)、Y 增量 =(两点的 Y 坐标差)、Z 增量 =(两点的 Z 坐标差)

7.4.5　指定实体列表命令

1. 功能

查询指定实体在图形数据库中所存贮的数据信息。

2. 格式

(1) 键盘输入　命令:"List",回车。

(2) 下拉菜单　工具(T)→查询(I)→光标菜单→列表显示(L)。

(3) 工具条　在"查询"工具条中,单击"列表"图标按钮。

选择对象:(选择实体)

选择对象:↓

系统自动切换到文本窗口,显示所选实体的数据信息。这些数据信息包括实体类别、所属图层、所属空间、句柄(Handle)、实体在当前坐标系中的位置、实体的几何参数等。对于不同种类的实体,其显示的内容有所不同。

7.4.6　显示点坐标命令

1. 功能

查询指定点的坐标。

2. 格式

(1) 键盘输入　命令:"ID",回车。

(2) 下拉菜单　工具(T)→查询(I)→光标菜单→点坐标(I)。

(3) 工具条　在"查询"工具条中,单击"定位点"图标按钮。

提示:指定点:(拾取一点)

显示信息:X=(指定点的 X 坐标值) Y=(指定点的 Y 坐标值) Z=(指定点的 Z 坐标值)

7.4.7　状态显示命令

1. 功能

查询当前图形文件的状态信息,包括实体数量、文件的保存位置、绘图界限、实际绘图范围、当前屏幕显示范围、各种绘图环境的设置情况、当前图层的设置情况及磁盘空间的利用情况等。

2. 格式

(1) 键盘输入　命令:"STATUS",回车。

(2) 下拉菜单　工具(T)→查询(I)→光标菜单→状态(S)。

此时,系统切换到文本窗口,显示当前图形文件的状态信息,按 F2 键可返回绘图窗口。

7.4.8　时间显示命令

1. 功能

显示图形的日期和时间统计信息。

2. 格式

(1) 键盘输入　命令:"TIME",回车。

(2) 下拉菜单　工具(T)→查询(I)→光标菜单→时间(T)。

7.4.9　面域和实体造型物理特性显示

1. 功能

用于查询面域和实体造型的物理特性信息,包括质量、体积、边界、惯性转矩、重心、转矩半径、旋转轴等特性信息。

2. 格式

(1) 键盘输入　命令:"Massprop",回车。

(2) 下拉菜单　工具(T)→查询(I)→光标菜单→面域/质量特性(M)。

(3) 工具条　在"查询"工具条中,单击"面域/质量特性(M)"图标按钮。

提示:选择对象:(拾取面域或实体)

(继续拾取实体)

选择对象:↓(结束)

此时,系统切换到文本窗口,显示所选实心体的物质特性信息。

7.5　打印输出图形

7.5.1　图形的导入与输出

AutoCAD 2019 除了可以打开和保存"DWG"格式的图形文件外,还可以导入或导出其他格式的图形。

1. 导入图形

在 AutoCAD 2019 中单击"菜单浏览器"按钮,在弹出的菜单中选择"文件"|"输入"命令,或在"功能区"选项板中选择"块和参照"选项卡,或在"输入"面板中单击"输入"按钮,都将打开"输入文件"对话框。在其中的"文件类型"下拉列表框中可以看到如图 7‑20 所示的内容,系统允许输入"图元文件""ACIS"及"3D Studio"图形格式的文件。

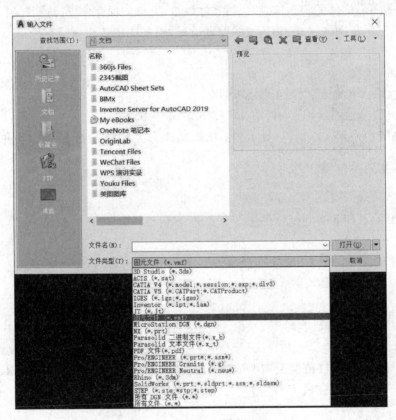

图 7‑20　输入文件对话框

2. 插入 OLE 对象

单击"菜单浏览器"按钮,在弹出的菜单中选择"插入"|"OLE 对象"命令,或在"功能区"选项板中选择"块和参照"选项卡,在"数据"面板中单击"OLE 对象"按钮,都可打开"插入对象"对话框,如图 7‑21 所示,可以插入对象链接或者嵌入对象。

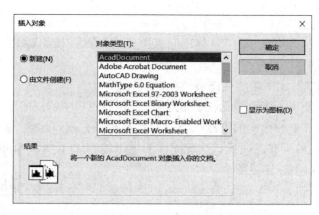

图 7-21　插入对象框

3. 输出图形

单击"菜单浏览器"按钮,在弹出的菜单中选择"文件"|"输出"命令,或在"功能区"选项板中选择"输出"选项卡,在"发送"面板中单击"输出"按钮,都可打开"输出数据"对话框。可以在"保存于"下拉列表框中设置文件输出的路径,在"文件名"文本框中输入文件名称,在"文件类型"下拉列表框中选择文件的输出类型,如"图元文件""ACIS""平版印刷""封装PS""DXX提取""位图""3D Studio"及"块"等。

7.5.2　创建和管理布局

在 AutoCAD 2019 中,可以创建多种布局,每个布局都代表一张单独的打印输出图纸。创建新布局后就可以在布局中创建浮动视口。视口中的各个视图可以使用不同的打印比例,并能够控制视口中图层的可见性。

1. 在模型空间与图形空间之间切换

模型空间是完成绘图和设计工作的工作空间。使用在模型空间中建立的模型可以完成二维或三维物体的造型,并且可以根据需求用多个二维或三维视图来表示物体,同时配有必要的尺寸标注和注释等来完成所需要的全部绘图工作。在模型空间中,用户可以创建多个不重叠的(平铺)视口以展示图形的不同视图。

2. 使用布局向导创建布局

单击"菜单浏览器"按钮,在弹出的菜单中选择"工具"|"向导"|"创建布局"命令,打开"创建布局"向导,可以指定打印设备、确定相应的图纸尺寸和图形的打印方向、选择布局中使用的标题栏或确定视口设置。

3. 使用浮动视口管理布局

在构造布局图时,可以将浮动视口视为图纸空间的图形对象,并对其进行移动和调整。浮动视口可以相互重叠或分离。对于在图纸空间中无法编辑模型空间的对象,如果要编辑模型,必须激活浮动视口,进入浮动模型空间。激活浮动视口的方法有多种,如可执行MSPACE命令、单击状态栏上的"图纸"按钮或双击浮动视口区域中的任意位置。

（1）删除、新建和调整浮动视口

在布局图中,选择浮动视口边界,然后按 Delete 键删除浮动视口。删除浮动视口后,单

击"菜单浏览器"按钮,在弹出的菜单中选择"视图"|"视口"|"新建视口"命令,或在"功能区"选项板中选择"视图"选项卡,或在"视口"面板中单击"新建"按钮,都可以创建新的浮动视口,此时需要指定创建浮动视口的数量和区域。

(2) 相对图纸空间比例缩放视图

如果布局图中使用了多个浮动视口,就可以为这些视口中的视图建立相同的缩放比例。这时可选择要修改其缩放比例的浮动视口,在"状态栏"的"视口比例"下拉列表框中选择某一比例,然后对其他的所有浮动视口执行同样的操作,就可以设置一个相同的比例值。

(3) 在浮动视口中旋转视图

在浮动视口中,执行 MVSETUP 命令可以旋转整个视图。该功能与 ROTATE 命令不同,ROTATE 命令只能旋转单个对象。

(4) 创建特殊形状的浮动视口

删除浮动视口后,可以单击"菜单浏览器"按钮,在弹出的菜单中选择"视图"|"视口"|"多边形视口"命令,或在"功能区"选项板中选择"视图"选项卡,在"视口"面板中单击"多边形"按钮,都可以创建多边形形状的浮动视口。

7.5.3　布局的页面设置

单击"菜单浏览器"按钮,在弹出的菜单中选择"文件"|"页面设置管理器"命令,或在"功能区"选项板中选择"输出"选项卡,或在"打印"面板中单击"页面设置管理器"按钮,都可打开"页面设置管理器"对话框,如图 7-22 所示。单击"新建"按钮,打开"新建页面设置"对话框,如图 7-23 所示,可以在其中创建新的布局。

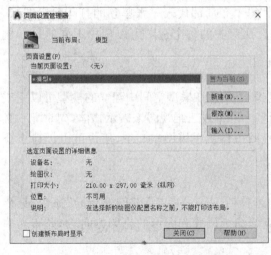
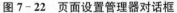

图 7-22　页面设置管理器对话框

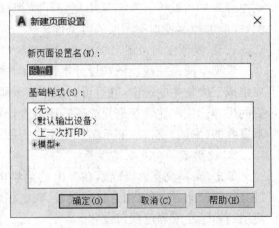

图 7-23　新建页面设置对话框

7.5.4　打印预览

创建完图形之后,通常要打印到图纸上,也可以生成一份电子图纸,以便从互联网上进行访问。打印的图形可以包含图形的单一视图,或者更为复杂的视图排列。根据不同的需要,可以打印一个或多个视口,或设置选项以决定打印的内容和图像在图纸上的布置。

1. 打印预览

在打印输出图形之前可以预览输出结果，以检查设置是否正确。例如，图形是否都在有效输出区域内等。单击"菜单浏览器"按钮，在弹出的菜单中选择"文件"|"打印预览"命令（PREVIEW），或在"功能区"选项板选择"输出"选项卡，或在"打印"面板中单击"预览"按钮，都可以预览输出结果。

2. 打印图形

在 AutoCAD 2019 中，可以使用"打印"对话框打印图形。在绘图窗口中选择一个"布局"选项卡后，单击"菜单浏览器"按钮，在弹出的菜单中选择"文件"|"打印"命令，或在"功能区"选项板选择"输出"选项卡，或在"打印"面板中单击"打印"按钮，打开"打印"对话框，如图 7 - 24 所示。

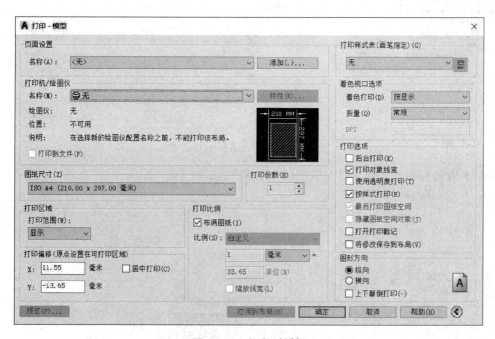

图 7 - 24　打印对话框

7.5.5　打印设置

在"模型"选项卡中完成图形之后，可以通过选择"布局"选项卡开始创建要打印的布局。首次选择"布局"选项卡时，将显示单一视口，其中带有边界的图纸表明当前配置的打印机的图纸尺寸和图纸的可打印区域。在 AutoCAD 显示的"页面设置"对话框中可以指定布局和打印设备的设置。指定的设置与布局一起存储为页面设置。创建布局后，可以修改其设置，还可以保存页面设置后应用到当前布局或其他布局中。

（1）设置打印环境，可以使用"页面设置"对话框中的"打印设置"选项卡，如图 7 - 25 所示。

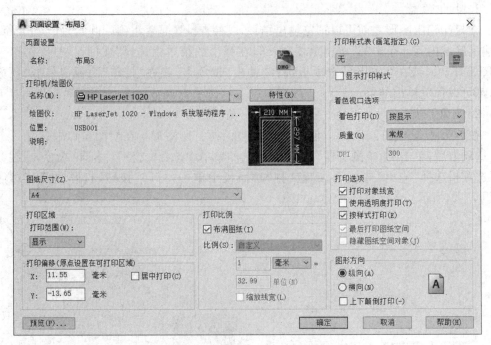

图 7 - 25　页面设置——打印设备

　　(2) 设置打印机布局,可以使用"页面设置"对话框中的"布局设置"选项卡,如图 7 - 26 所示。

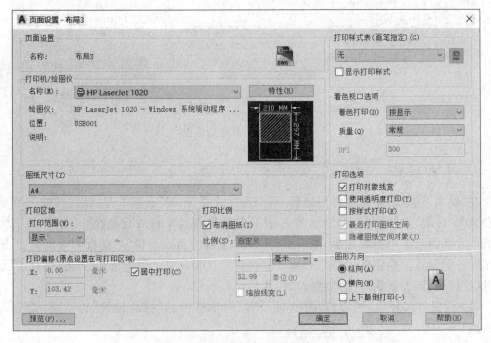

图 7 - 26　页面设置——布局设置

（3）保存布局页面设置，可使用以下方法：

① 打开"页面设置"对话框。

② 在"页面设置"对话框中选择"布局设置"选项卡进行必要的页面设置。

③ 在"布局设置"选项卡中的"页面设置名"选项区域中单击"添加"按钮。

④ 在打开的"用户定义的页面设置"对话框中输入页面设置的名称，如图 7-27 所示。

（4）在其他图形中应用已保存的布局页面设置，可使用以下方法：

① 打开"页面设置"对话框。

② 在"页面设置"对话框中选择"布局放置"选项卡进行必要的页面设置。

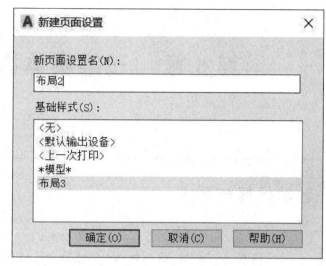

图 7-27　用户定义页面设置

③ 在"布局设置"选项卡中的"页面设置名"选项区域中单击"添加"按钮。

④ 在弹出的"用户定义的页面设置"对话框中单击"输入"按钮，在弹出的"输入用户定义的页面设置"对话框中选中要输入的布局页面名称，把保存布局页面设置的图形输入到当前图形中，如图 7-28 所示。

图 7-28　输入用户定义的页面设置对话框

课后作业

· 将附件绘制好的建筑平面图、立面图、剖面图打印输出。

第8章 三维实体模型的绘制

教学目标与要求

✧ 熟悉 AutoCAD 的基本三维绘图功能；

✧ 掌握 AutoCAD 的三维绘图的方法和技巧；

✧ 合理运用 AutoCAD 三维实体绘制命令进行三维实体模型的绘制。

三维实体绘图命令包括：三维点、三维线、三维曲线、三维面等。对于三维点、三维线（直线、构造线）、三维样条曲线等实体的绘制，即线框模型的绘制，与二维平面绘图命令基本相同，只是坐标点是三维坐标。三维线框模型是指空间中的线条，其只存在线的轮廓，没有内部的表面及实体特征，因此无法对其进行消隐、着色和渲染。

对于三维面的绘制，即表面模型的绘制，包括：面线架（基本形体表面）、创建曲面、三维面、三维多边形网格、任意拓扑多边形网格等。三维表面是指具有"面"特征但没有内部"实体"特征的三维图形，理论上是由一些没有厚度的空间面组成的图形，可以进行消隐、着色和渲染。

三维实体造型是客观物体的三维图形，它是一个真实的实体。三维实体不仅具有表面的信息和特征，还具有一定内部实体质地；不仅可以进行消隐、着色和渲染，而且还具有体积、重心、转动惯量等信息。AutoCAD 系统可以生成基本的三维实体，也可以通过对二维实体的拉伸、旋转生成三维实体，还可以对三维实体进行"交""并""差"等布尔运算，而构成复合实体，可以从三维实体模型中提取二维图形，即构成物体的视图。

8.1 简单图形的绘制

8.1.1 实用案例一——绘制长方体

绘制案例

绘制一个长宽高为 200×80×80 的长方体。

分析案例

长方体的绘制以及一般三维立体的绘制可以直接使用相关命令进行操作，只要输入相关的空间尺寸的数据就可以了。

长方体

操作案例

命令：BOX

指定第一个角点或［中心（C）］：

指定其他角点或［立方体（C）/长度（L）］：l

指定长度：200

指定宽度：80

指定高度或［两点（2P）］：80

命令：_－VIEW 输入选项［? /删除（D）/正交（O）/恢复（R）/保存（S）/设置（E）/窗口（W）］：_SWISO 正在重生成模型。

图形绘制结束，结果如图 8-1 所示。

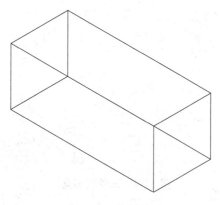

图 8-1　完成图形

案例总结

启动命令：

（1）选择菜单"绘图/建模/长方体"；

（2）单击"建模工具条"上的长方体按钮；

（3）输入"Box"，回车。

输入选项，选择角点法或中心点法作长方体。角点法是通过长方体两对角点，或底面两对角点与高来确定长方体的方法；中心点法是通过中心点和角点确定长方体的方法。

（1）中心点　启动长方体命令后，输入"C"回车，用以确定长方体中心点，命令行接着提示为：指定角点或［立方体（C）/长度（L）］。三种途径绘制完成长方体，输入选项选择，操作与先指定角点的方法相同。

（2）角点法　输入长方体一角点的坐标值或从屏幕中拾取一点。

命令行接着提示为：指定其他角点或［立方体（C）/长度（L）］。三种途径绘制完成长方体，输入选项选择。

① 拾取长方体的另一对角点或输入另一对角点的坐标值（如@200,80,80）完成长方体的绘制。

　　② 输入"C"回车,绘制正方体,指定正方体边长,输入正方体边长值(如25)或从屏幕拾取两点,两点间的距离为正方体的边长,绘制完成的正方体。

　　③ 输入"L"回车,分别指定长方体的长、宽和高,直接输入长、宽和高的值,每次输入按"Enter"确认(如200、80、80),或从屏幕中拾取点,两点间距离为相应的长或宽或高的值。

8.1.2　实用案例二——绘制三维玻璃桌

绘制案例

　　绘制如图 8-2 所示的三维玻璃桌。

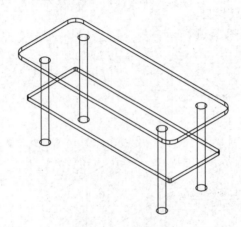

图 8-2　三维玻璃桌

分析案例

　　本案例需要绘制矩形桌面以及圆柱体桌体,另外,需要对四个桌角进行圆角修改。

操作案例

三维玻璃桌

命令:_box
指定第一个角点或 [中心(C)]:0,0,0
指定其他角点或 [立方体(C)/长度(L)]:l
指定长度 <100.0000>:
指定宽度 <40.0000>:
指定高度或 [两点(2P)] <2.0000>:
命令:＊取消＊
命令:_box
指定第一个角点或 [中心(C)]:4,4,-24
指定其他角点或 [立方体(C)/长度(L)]:l
指定长度 <100.0000>:<正交 开> 92
指定宽度 <40.0000>:32

指定高度或［两点(2P)］＜2.0000＞：2

命令：＊取消＊

绘制结果如图 8-3 所示。

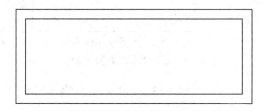

图 8-3　三维桌面俯视图

命令：_cylinder

指定底面的中心点或［三点(3P)/两点(2P)/切点、切点、半径(T)/椭圆(E)］：12.5，7.5，－45

指定底面半径或［直径(D)］＜2.5000＞：2.5

指定高度或［两点(2P)/轴端点(A)］＜2.0000＞：45

命令：＊取消＊

命令：_cylinder

指定底面的中心点或［三点(3P)/两点(2P)/切点、切点、半径(T)/椭圆(E)］：12.5，32.5，－45

指定底面半径或［直径(D)］＜2.5000＞：2.5

指定高度或［两点(2P)/轴端点(A)］＜45.0000＞：45

命令：＊取消＊

命令：_cylinder

指定底面的中心点或［三点(3P)/两点(2P)/切点、切点、半径(T)/椭圆(E)］：87.5，7.5，－45

指定底面半径或［直径(D)］＜2.5000＞：2.5

指定高度或［两点(2P)/轴端点(A)］＜45.0000＞：45

命令：＊取消＊

命令：_cylinder

指定底面的中心点或［三点(3P)/两点(2P)/切点、切点、半径(T)/椭圆(E)］：87.5，32.5，－45

指定底面半径或［直径(D)］＜2.5000＞：2.5

指定高度或［两点(2P)/轴端点(A)］＜45.0000＞：45

命令：＊取消＊

绘制结果如图 8-4 所示。

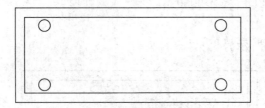

图 8 - 4   三维桌面、桌腿俯视图

命令：_－VIEW 输入选项 [? /删除(D)/正交(O)/恢复(R)/保存(S)/设置(E)/窗口(W)]：_SEISO 正在重生成模型。

绘制结果如图 8-5 所示。

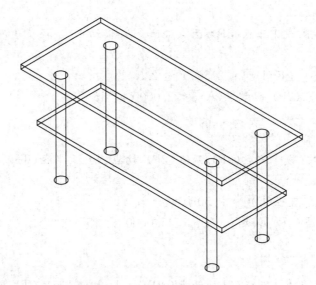

图 8 - 5   三维桌面东南轴测图

命令：F
FILLET
当前设置：模式 = 修剪,半径 = 0.0000
选择第一个对象或 [放弃(U)/多段线(P)/半径(R)/修剪(T)/多个(M)]：r
指定圆角半径 <0.0000>：5
选择第一个对象或 [放弃(U)/多段线(P)/半径(R)/修剪(T)/多个(M)]：
输入圆角半径或 [表达式(E)] <5.0000>：
选择边或 [链(C)/环(L)/半径(R)]：
已选定 1 个边用于圆角。
命令：FILLET
当前设置：模式 = 修剪,半径 = 5.0000
选择第一个对象或 [放弃(U)/多段线(P)/半径(R)/修剪(T)/多个(M)]：
输入圆角半径或 [表达式(E)] <5.0000>：

选择边或 [链(C)/环(L)/半径(R)]：

已选定 1 个边用于圆角。

命令：FILLET

当前设置：模式 ＝ 修剪, 半径 ＝ 5.0000

选择第一个对象或 [放弃(U)/多段线(P)/半径(R)/修剪(T)/多个(M)]：

输入圆角半径或 [表达式(E)] ＜5.0000＞：

选择边或 [链(C)/环(L)/半径(R)]：

已选定 1 个边用于圆角。

命令：FILLET

当前设置：模式 ＝ 修剪, 半径 ＝ 5.0000

选择第一个对象或 [放弃(U)/多段线(P)/半径(R)/修剪(T)/多个(M)]：

输入圆角半径或 [表达式(E)] ＜5.0000＞：

选择边或 [链(C)/环(L)/半径(R)]：

已选定 1 个边用于圆角。

命令：F FILLET

当前设置：模式 ＝ 修剪, 半径 ＝ 5.0000

选择第一个对象或 [放弃(U)/多段线(P)/半径(R)/修剪(T)/多个(M)]：r 指定圆角半径 ＜5.0000＞：1

选择第一个对象或 [放弃(U)/多段线(P)/半径(R)/修剪(T)/多个(M)]：

输入圆角半径或 [表达式(E)] ＜1.0000＞：

选择边或 [链(C)/环(L)/半径(R)]：

已选定 1 个边用于圆角。

命令：FILLET

当前设置：模式 ＝ 修剪, 半径 ＝ 1.0000

选择第一个对象或 [放弃(U)/多段线(P)/半径(R)/修剪(T)/多个(M)]：

输入圆角半径或 [表达式(E)] ＜1.0000＞：

选择边或 [链(C)/环(L)/半径(R)]：

已选定 1 个边用于圆角。

命令：FILLET

当前设置：模式 ＝ 修剪, 半径 ＝ 1.0000

选择第一个对象或 [放弃(U)/多段线(P)/半径(R)/修剪(T)/多个(M)]：

输入圆角半径或 [表达式(E)] ＜1.0000＞：

选择边或 [链(C)/环(L)/半径(R)]：

已选定 1 个边用于圆角。

命令：FILLET

当前设置：模式 ＝ 修剪, 半径 ＝ 1.0000

选择第一个对象或 [放弃(U)/多段线(P)/半径(R)/修剪(T)/多个(M)]：

输入圆角半径或 [表达式(E)] ＜1.0000＞：

选择边或 [链(C)/环(L)/半径(R)]：

已选定 1 个边用于圆角。

图形绘制结束，如图 8-6 所示。

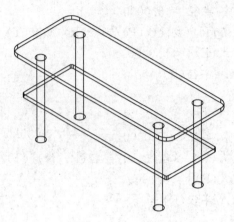

图 8-6　完成图形

案例总结

一、圆柱体的绘制

1. 启动命令

(1) 选择菜单"绘图/建模/圆柱体"；

(2) 单击"建模工具条"上的圆柱体按钮；

(3) 输入"Cylinder"，回车。

2. 根据选项绘制圆柱体或椭圆柱体

(1) 绘制圆柱体的操作：指定圆柱体底面中心点→指定圆柱体的底面圆半径或直径→指定圆柱体高度或另一个圆心点→确定底面圆。

底面圆除了可以运用确定底面圆心和半径（或直径）的方法外，还可以通过三点法(3P)、两点法(2P)或相切/相切/半径法(T)绘制。

(2) 绘制椭圆柱体的操作：启动圆柱体命令→输入"E"回车→确定底面椭圆→确定椭圆柱高度。

确定底面椭圆的方法跟绘制椭圆方法相同。

二、三位实体模型的视口以及三维视图

三位实体模型的视口可以根据实际需求设定，点击【视图】——【视口】，如图 8-7 所示。

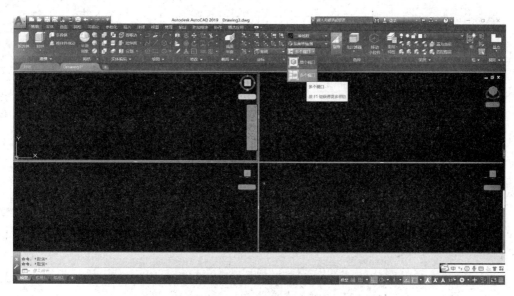

图 8-7　视口下拉菜单

AutoCAD 预设了俯视、仰视、左视、右视、主视和后视六种平面视图以及西南、东南、西北和东北四种轴测视图。用户可以根据如图 8-8 所示的"视图/三维视图"级联菜单可视图工具条上的按钮设置视图方向。

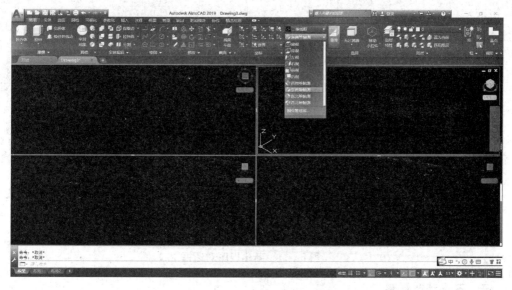

图 8-8　三维视图下拉菜单

除了工具条提供的几种视角方向样式外,用户还可以根据需要创建视图样式,通过"视图/命名视图"菜单或视图工具条上的命名视图按钮启动命令,弹出"视图管理器"对话框,如图 8-9、8-10、8-11 所示。

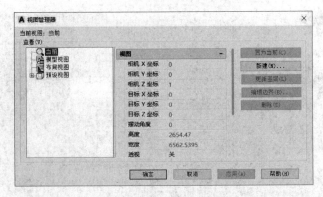

图 8-9　命名视图对话框

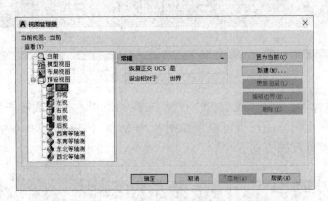

图 8-10　正交和等轴测视图对话框

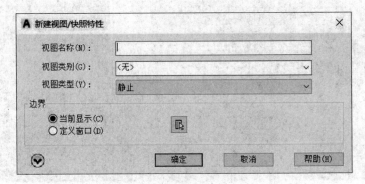

图 8-11　新建视图对话框

三、三维动态观察

　　三维图形可以运用动态观察，以观看三维图形的不同方位。通过如图 8-12 所示的动态观察工具条或"视图/动态观察"的级联菜单启动动态观察命令。

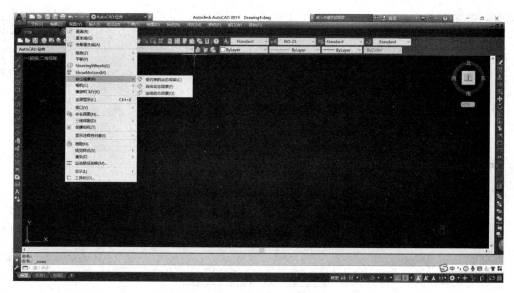

图 8 - 12　动态观察下拉菜单

启动命令后,轻轻移动鼠标就可以进行动态观察。

(1)受约束的动态观察　将动态观察约束到 XY 平面或 Z 方向。

(2)自由动态观察　允许沿任意方向进行动态观察。

(3)连续动态观察　光标变为两条实线环绕的球状,轻轻移动鼠标后松开,图形自动连续转动。图形连续转动的速度与移动鼠标的速度相同。

8.1.3　实用案例三——绘制三维台阶

绘制案例

绘制如图 8 - 13 所示的三维台阶。

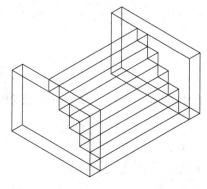

图 8 - 13　三维台阶

分析案例

本案例的三维图形需要对绘制好的三维立体图形进行修改。

操作案例

（最好归纳成几大步骤）

命令：BOX

指定第一个角点或［中心(C)］：0,0,0

指定其他角点或［立方体(C)/长度(L)］：l

指定长度＜92.0000＞：200

指定宽度＜32.0000＞：1500

指定高度或［两点(2P)］＜45.0000＞：1000

命令：正在重生成模型。

正在重生成模型。

Z

ZOOM

指定窗口的角点，输入比例因子（nX 或 nXP），或者

［全部(A)/中心(C)/动态(D)/范围(E)/上一个(P)/比例(S)/窗口(W)/对象(O)］＜实时＞：a

正在重生成模型。

绘制结果如图 8-14 所示。

图 8-14　台阶侧俯视图

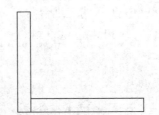

图 8-15　台阶侧以及踏步俯视图

命令：_box

指定第一个角点或［中心(C)］：200,0,0

指定其他角点或［立方体(C)/长度(L)］：l

指定长度＜200.0000＞：1700

指定宽度＜1500.0000＞：200

指定高度或［两点(2P)］＜1000.0000＞：200

绘制结果如图 8-15 所示。

命令：_box

指定第一个角点或［中心(C)］：200,200,0

指定其他角点或［立方体(C)/长度(L)］：l

指定长度 ＜1700.0000＞：1700

指定宽度 ＜200.0000＞：200

指定高度或［两点(2P)］＜200.0000＞：200

命令：正在重生成模型。

正在重生成模型。

CO

COPY

选择对象：找到 1 个

选择对象：

当前设置：复制模式 ＝ 多个

指定基点或［位移(D)/模式(O)］＜位移＞：

指定第二个点或［阵列(A)］＜使用第一个点作为位移＞：

指定第二个点或［阵列(A)/退出(E)/放弃(U)］＜退出＞：＊取消＊

命令：COPY

选择对象：指定对角点：找到 2 个

选择对象：

当前设置：复制模式 ＝ 多个

指定基点或［位移(D)/模式(O)］＜位移＞：

指定第二个点或［阵列(A)］＜使用第一个点作为位移＞：

指定第二个点或［阵列(A)/退出(E)/放弃(U)］＜退出＞：＊取消＊

命令：COPY

选择对象：找到 1 个

选择对象：

当前设置：复制模式 ＝ 多个

指定基点或［位移(D)/模式(O)］＜位移＞：

指定第二个点或［阵列(A)］＜使用第一个点作为位移＞：

指定第二个点或［阵列(A)/退出(E)/放弃(U)］＜退出＞：＊取消＊

绘制结果如图 8－16 所示。

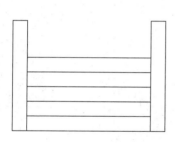

图 8－16　台阶俯视图

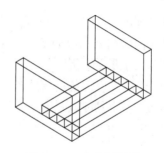

图 8－17　台阶轴测图

命令：_－VIEW 输入选项［? /删除(D)/正交(O)/恢复(R)/保存(S)/设置(E)/窗口
(W)］：_SEISO

正在重生成模型。

绘制结果如图 8-17 所示。

命令：M

MOVE

选择对象：找到 1 个

选择对象：

指定基点或［位移(D)］<位移>：

指定第二个点或 <使用第一个点作为位移>：

命令：MOVE

选择对象：找到 1 个

选择对象：

指定基点或［位移(D)］<位移>：

指定第二个点或 <使用第一个点作为位移>：

命令：MOVE

选择对象：找到 1 个

选择对象：

指定基点或［位移(D)］<位移>：

指定第二个点或 <使用第一个点作为位移>：

命令：MOVE

选择对象：找到 1 个

选择对象：

指定基点或［位移(D)］<位移>：

指定第二个点或 <使用第一个点作为位移>：

图形绘制结束，如图 8-18 所示。

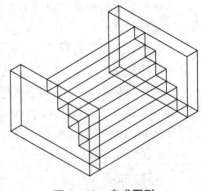

图 8-18　完成图形

8.2　三维实体模型的绘制

绘 制 案 例

某建筑平面图实体模型的绘制。

建筑平面图的前期修改如下：

(1) 删除尺寸和文字标注。

(2) 删除外墙体以内的门窗线条以及墙线。

结果如图 8-19 所示。

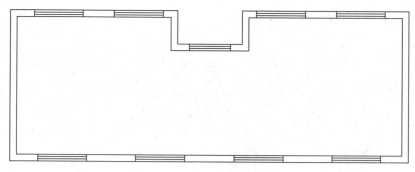

图 8 - 19　前期修改图形

保留外墙图形如图 8 - 20 所示。

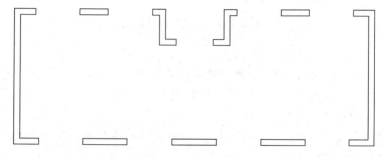

图 8 - 20　保留外墙图形

修补后图形如图 8 - 21 所示。

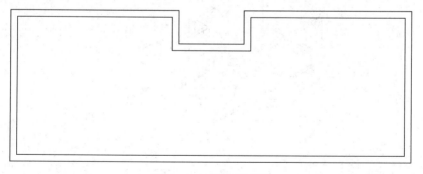

图 8 - 21　修补后图形

操作案例

命令：_－VIEW 输入选项［? /删除(D)/正交(O)/恢复(R)/保存(S)/设置(E)/窗口(W)］：_SEISO 正在重生成模型。

命令：REG

REGION

选择对象：指定对角点：找到 2 个

选择对象：

已提取 2 个环。

已创建 2 个面域。

绘制结果如图 8 - 22 所示。

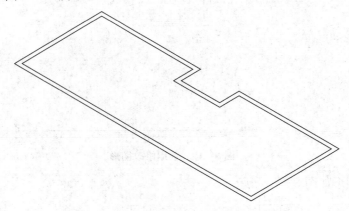

图 8 - 22　设置面域后图形

命令：EXTRUDE

当前线框密度：ISOLINES＝4,闭合轮廓创建模式 ＝ 实体

选择要拉伸的对象或［模式(MO)］：指定对角点：找到 2 个

选择要拉伸的对象或［模式(MO)］：

指定拉伸的高度或［方向(D)/路径(P)/倾斜角(T)/表达式(E)］＜200.0000＞：3100

绘制结果如图 8 - 23 所示。

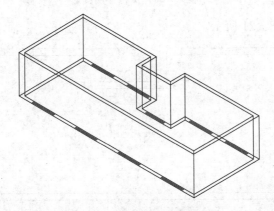

图 8 - 23　墙体拉伸后图形

命令：BOX

指定第一个角点或［中心(C)］：

指定其他角点或［立方体(C)/长度(L)］：

指定高度或［两点(2P)］＜1200.0000＞：1200

COPY

选择对象：找到 19 个

选择对象：

当前设置：复制模式 ＝ 多个

指定基点或［位移(D)/模式(O)］＜位移＞：

指定第二个点或［阵列(A)］＜使用第一个点作为位移＞：

指定第二个点或［阵列(A)/退出(E)/放弃(U)］＜退出＞：＊取消＊

绘制结果如图 8-24 所示。

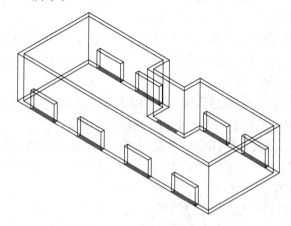

图 8-24　窗体拉伸后图形

命令：M

MOVE

选择对象：找到 8 个

选择对象：

指定基点或［位移(D)］＜位移＞：

指定第二个点或 ＜使用第一个点作为位移＞：800

图形绘制结束，如图 8-25 所示。

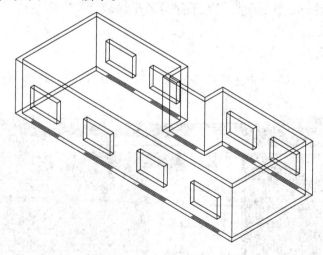

图 8-25　窗体抬高后图形

案例总结

一、三维剖切命令

剖切命令是将现有的实体用给定的平面对象切割得到新实体的方法。

1. 启动命令

(1) 选择菜单"修改/三维操作/剖切";

(2) 输入"SL"回车。

操作:启动命令→选择剖切对象→确定剖切方式,定义剖切面→选择剖切后保留侧。

选择剖切后保留侧:在要保留的一侧单击左键,如果需要保留两侧,则输入"B"回车。

2. 定义剖切面的方法:

(1) 三点法　三点法是 AutoCAD 定义剖切面缺省的方法,实体沿给定的三点所确定的平面被剖切。直接在屏幕上拾取三点或输入三点的坐标值。

(2) 对象法　对象法是通过选定圆、圆弧、椭圆、椭圆弧、二维多段线或二维样条线等二维对象,用这些二维对象所确定的平面作为剖切面剖切实体。二维对象所确定的平面需与所剖切的实体相截交才能剖切成功。

启动剖切命令选择对象完成后,根据命令行提示,输入"O"回车,选择用来确定剖切平面的对象。

(3) Z 轴法　输入"Z"回车,先后在屏幕上拾取两点,剖切实体的平面通过第一点,且与第一点和第二点的连线垂直。此处的 Z 轴并不等同于当前坐标系的 Z 轴,而是指剖切平面的法向方向。

(4) 视图法　定义剖切平面与当前视图平面平行。输入"V"回车,命令行提示指定当前视图平面上的点,即剖切平面通过的点。从屏幕上拾取一点,剖切平面通过该点且与当前视图平面平行。

(5) 当前坐标平面法　剖切平面与当前坐标系的某一坐标平面平行,输入"XY""XZ"或"YZ"回车,分别定义剖切平面与 XY 平面、XZ 平面或 YZ 平面平行。从屏幕上指定一点,剖切平面通过该点。

二、三维实体编辑

三维实体通过布尔运算可以生成许多复杂的实体,有并集运算、效集运算和差集运算,如图 8 - 26 所示。

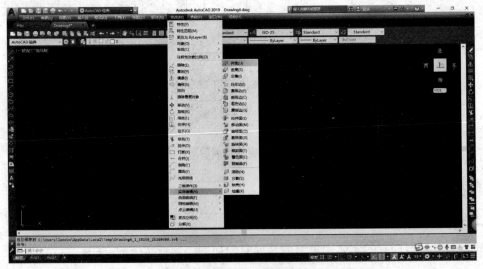

图 8 - 26　实体编辑菜单

1. 并集

将多个独立的实体相加合并成一个单一的对象。各个用于求并集的对象并不要求一定相交。

启动命令：

① 选择菜单"编辑/实体编辑/并集"；

② 单击"实体编辑"工具条上的并集按钮；

③ 输入"Uni"，回车。

选择合并的所有对象，选择完毕后确认。

2. 交集

将多个实体的相交部分提取出来，形成一个新的实体。

启动命令：

① 选择菜单"编辑/实体编辑/交集"；

② 单击"实体编辑"工具条上的交集按钮；

③ 输入"In"，回车。

选择求交集的所有对象，选择完毕后确认。

3. 差集

将一些实体从另一些实体中排除，生成单一新实体的操作。

启动命令：

（1）选择菜单"编辑/实体编辑/差集"；

（2）单击"实体编辑"工具条上的差集按钮；

（3）输入"Su"，回车。

操作：启动命令→选择用来减去其他实体的所有实体对象→选择所有被减去的实体对象。

课后作业

· 将附件三中的图形的一层平面图绘制成三维空间模型。

第9章　天正建筑软件和 PKPM 结构软件简介

教学目标与要求

◇　熟悉天正建筑软件,了解其相关命令操作以及绘图步骤;

◇　熟悉 PKPM 结构软件,了解其相关命令操作以及绘图步骤。

前面介绍了 AutoCAD 的基本应用以及相关的命令操作,但使用 AutoCAD 绘制建筑施工图的速度并不太快。在实际的建筑工程设计中,直接用 AutoCAD 绘图只占其中一部分,更多是采用二次开发的专用软件。本教材主要介绍目前应用较多的两个软件:天正建筑软件和 PKPM 结构软件。前者以建筑施工图的绘制为主,后者以结构施工图为主。

9.1　天正建筑软件简介

9.1.1　天正建筑软件

TArch(天正建筑)是由北京天正工程软件公司在 AutoCAD 平台的基础上研制开发的一个专用的建筑图绘制软件,也是目前国内最流行的专用绘图软件,有着十分庞大的用户群和潜在的用户群。该软件是针对建筑图的绘制特点开发的,用其绘制建筑施工图,尤其是建筑平面图,要比用 AutoCAD 等通用软件快几倍甚至几十倍。因而,国内的建筑设计单位一般多用 TArch 绘制主要的建筑图样,然后用 AutoCAD 来修正成准确的建筑施工图样。

既然 TArch 绘制建筑图这么方便、快捷,直接学习 TArch 就可以了,为什么还要先花费许多精力来学习 AutoCAD 呢? 事实上,虽然 TArch 绘图速度快,但绘出的图样并不是很完整、准确,尤其一些不太规整的建筑布局,这时就需要 AutoCAD 来修改调整,可以说用 TArch 作图离不开 AutoCAD。

TArch 是针对建筑图中的标准结构和相对不变的结构二次开发而成。建筑图中的许多多变结构,必须用 AutoCAD 绘制,另外生成的建筑立面图、建筑剖面图等都需要用 Auto-CAD 来修改调整。AutoCAD 主要以点、线、面为几何元素,而天正 CAD 主要以墙、门、窗、楼梯为建筑类元素。所以,即使 TArch 最擅长的平面施工图,也要与 AutoCAD 的一些命令配合使用,才能取得最佳作图效率,顺利完成所有作图。所以我们在学习 AutoCAD 的基础打牢之后,再开始学习 TArch 绘图。

在安装天正建筑前,首先应安装 AutoCAD 2000 至 AutoCAD 2019 间的版本,并能够正常运行。天正建筑软件界面如图 9-1 所示。

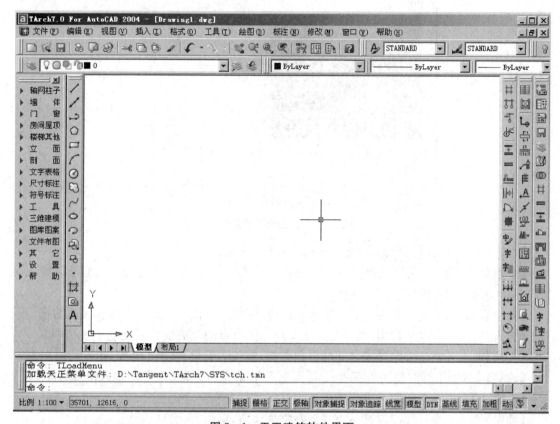

图 9-1　天正建筑软件界面

9.1.2　绘制建筑平面图

绘制建筑平面图一般有如下步骤:绘制定位轴线、标注轴网、绘制墙体、绘制柱子、插入门窗、插入楼梯、绘制台阶和散水等。

1. 绘制轴网

轴网由水平和垂直的轴线构成。天正建筑中的轴网分为直线轴网和弧线轴网。它是绘制墙体、门窗、阳台、楼梯等建筑构件和标注建筑物件的依据。

打开“绘制轴网”对话框的方法如下:

(1)菜单位置:【轴网柱子】→【绘制轴网】

(2)快捷命令:ZXZW

执行该命令后,弹出“绘制轴网”对话框,如图 9-2 所示。

绘制轴网控件功能:

【上开】在轴网上方进行轴网标注的房间开间尺寸。

【下开】在轴网下方进行轴网标注的房间开间尺寸。

【左进】在轴网左侧进行轴网标注的房间进深尺寸。

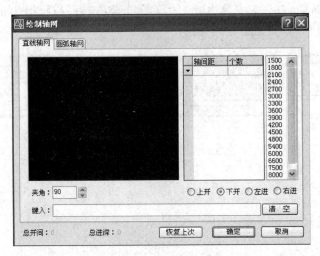

图 9-2 绘制轴网对话框

【右进】在轴网右侧进行轴网标注的房间进深尺寸。

【个数】【尺寸】栏中数据的重复次数,点击右方数值栏或下拉列表获得,也可以键入。如:3 * 4000,指 4000 的尺寸重复 3 次。

【确定】【取消】单击后开始绘制直线轴网并保存数据,取消绘制轴网并放弃输入数据。

【键入】键入一组尺寸数据,用空格或英文逗点隔开,回车,数据输入到电子表格中。

【夹角】输入开间与进深轴线之间的夹角数据,默认为夹角 90 度的正交轴网。

【偏移】输入上下开间数据的辅助工具,当上下开间(左右进深)不同时,输入错开的数值。

【←】【→】单击→与←即可方便地把上下开间数据左右移动定位。

【清空】把某一组开间或者某一组进深数据栏清空,保留其他组的数据。

【恢复上次】把上次绘制直线轴网的参数恢复到对话框中

【轴间距】开间或进深的尺寸数据,点击右方数值栏或下拉列表获得,也可以键入。

右击电子表格中行首按钮,可以执行新建、插入、删除与复制数据行的操作。

轴网的绘制方法共有四种:

(1) 利用重复个数和表内尺寸值;

(2) 使用键盘在个数与尺寸编辑框内直接输入;

(3) 连续双击直接输入数据;

(4) 利用"键入"编辑框,按默认格式输入数据。

2. 轴网标注

启动轴网标注命令的方法如下:

(1) 屏幕菜单:【轴网柱子】→【两点轴标】

(2) 快捷命令:LDZB

本命令对始末轴线间的一组平行轴线(直线轴网与圆弧轴网的进深)或者径向轴线(圆弧轴线的圆心角)进行轴号和尺寸标注。

执行该命令后,弹出"两点轴标"对话框,如图 9-3 所示。

图 9-3 轴网标注对话框

控件说明:

【起始轴号】希望起始轴号不是默认值 1 或者 A 时,在此处输入自定义的起始轴号,可以使用字母和数字组合轴号。

【共用轴号】勾选后表示起始轴号由所选择的已有轴号后继数字或字母决定。

【单侧标注】表示在当前选择一侧的开间(进深)标注轴号和尺寸。

【双侧标注】表示在两侧的开间(进深)均标注轴号和尺寸。

提示:在命令行点取要标注的始末轴线,以下为标注直线轴网的提示:

请选择起始轴线<退出>:选择一个轴网某开间(进深)一侧的起始轴线,点 P1

请选择终止轴线<退出>:选择一个轴网某开间(进深)同一侧的末轴线,点 P2

按照《房屋建筑制图统一标准》,本命令支持类似 1-1、A-1 的轴号分区标注与 AA、A1 这样的双字母标注;在对话框中默认起始轴号为 1 和 A,按方向自动标注,用户可在标注中删除对话框中的默认轴号,标注空白轴号的轴网。

3. 墙体的绘制

启动绘制墙体命令的方法如下:

(1) 屏幕菜单:【墙体】→【绘制墙体】

(2) 快捷命令:HZQT

执行命令后,将弹出如图 9-4 所示的"绘制墙体"对话框。用"绘制墙体"命令,可以连续绘制直线墙或弧线墙。

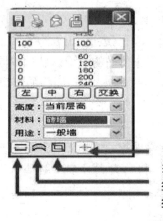

自动捕捉开关
绘制"矩形墙体"开关按钮
绘制"弧形墙体"开关按钮
绘制墙体开关

图 9-4 绘制墙体对话框

控件说明:

(1) 左宽、右宽:指沿墙体定位点的顺序,基线左侧或者右侧部分的宽度。

(2) 左、中、右按钮:确定墙体在轴线中的位置。

（3）交换按钮：可将左宽与右宽进行交换。

（4）高度：用于设置墙体的高度。

（5）材料：按材料墙体可分为轻质隔墙、示意幕墙、填充墙、砖墙、石材和钢筋混凝土。

（6）绘制"直线墙"：在"绘制墙体"对话框中，单击"绘制直墙"按钮，即可进行绘制。

（7）绘制"弧线墙"：在"绘制墙体"对话框中，单击"绘制弧墙"按钮，即可进行绘制。

（8）矩形绘墙：通过指定房间对角点，生成四段墙体围成的矩形房间。

（9）自动捕捉：本命令绘制墙体时提供自动捕捉方式，并按照墙基线端点、轴线交点、墙垂足、轴线垂足、墙基线最近点、轴线最近点的优先顺序进行。

4.柱子的绘制

柱子是具有均匀断面形状的竖直构件，起支撑建筑物的作用。其三维空间的位置和形状主要由底标高（即构件底部相对于坐标原点的高度）、柱高和柱截面参数来决定，同时还受材料的影响。在天正建筑软件中，柱子分为：标准柱、角柱、构造柱和"Pline"转柱。这里我们只介绍标准柱的绘制和编辑。

启动绘制标准柱命令的方法如下：

（1）屏幕菜单：【轴网柱子】→【标准柱】

（2）快捷命令：BZZ

执行命令后，将弹出"标准柱"对话框，如图 9-5 所示。

图 9-5　标准柱对话框

材料——柱材料可分为：砖、石材、钢筋混凝土、金属。

形状——是指柱的截面形状。如：矩形、圆形、正三边形、正五边形和正六边形。

柱子尺寸——指柱的截面与高度尺寸。其尺寸因柱的截面形状的不同有所不同。

偏心转角——指柱在矩形轴网交叉点处的水平、垂直方向偏移的距离。转角是指在矩形轴网中以 X 轴为基准线或者在弧形、圆形轴网中以环形弧线为基准线，以逆转为正，顺时针为负。

绘制柱子时首先应分析平面图中柱子的布置规律，才能合理选用柱子的插入方式。比如上图中的柱子可以使用"沿 A 轴线布置柱子"，将 A 轴线上柱子编辑好后复制上去即可。

5.门窗绘制

门窗是具有建筑采光、通风作用的重要建筑构件之一，其样式较多。如门的样式有：门联窗、子母门、平开门、推拉门等等，窗的样式主要有：平开窗、推拉窗、凸窗等。

启动绘制门窗命令的方法如下：

（1）屏幕菜单：【门窗】→【门窗】

（2）快捷命令：MC

执行命令后,将弹出"门窗参数"对话框,如图 9 - 6 所示。

图 9 - 6　门窗参数对话框

"门窗参数"的含义:

编号——用于给门、窗赋予代号。如:M3 是指编号为 3 的门。点击右边的小三角按钮还可查看已插入的门、窗编号。

门(窗)宽——指门(窗)的宽度。门(窗)的宽度可通过下拉列表进行选择,也可以直接输入门、窗的宽度数值。

门(窗)高——指门(窗)的高度。设置方法与门(窗)宽相同。

左预览窗——用于显示门(窗)的二维图形。在窗口内双击可打开"天正图库"选择门(窗)的二维图样。

右预览窗——(同上)显示门、窗的三维立面图形。

查表——单击"查表"按钮,可打开"门窗编号验证表",查看插入门窗编号。

门窗控件说明:

自由插入:可在墙段的任意位置插入,速度快但不易准确定位,通常用在方案设计阶段。

顺序插入:以距离点取位置较近的墙边端点或基线端为起点,按给定距离插入选定的门窗。

轴线等分插入:将一个或多个门窗等分插入到两根轴线间的墙段等分线中间,如果墙段内没有轴线,则该侧按墙段基线等分插入。

墙段等分插入:与轴线等分插入相似,本命令在一个墙段上按墙体较短的一侧边线,插入若干个门窗,按墙段等分原则使各门窗之间墙垛的长度相等。

垛宽定距插入:系统选取距点,取位置最近的墙边线顶点作为参考点,按指定垛宽距离插入门窗。

轴线定距插入:与垛宽定距插入相似,系统自动搜索距离点取位置最近的轴线与墙体的交点,将该点作为参考位置按预定距离插入门窗。

按角度插入弧墙上的门窗:本命令专用于弧墙插入门窗,按给定角度在弧墙上插入直线型门窗。

满墙插入门窗:门窗在门窗宽度方向上完全充满一段墙,使用这种方式时,门窗宽度参数由系统自动确定。

插入上层门窗:在同一个墙体已有的门窗上方再加一个宽度相同、高度不同的窗,这种情况常常出现在高大的厂房外墙中。

门窗替换:用对话框内的当前参数作为目标参数,替换图中已经插入的门窗。

6. 楼梯的绘制

楼梯是连接上下楼层和垂直疏散的重要建筑构件。本教材以双跑楼梯为例来介绍其绘制方法与步骤。

启动绘制楼梯命令的方法如下：

（1）菜单位置：[楼梯其他]→[双跑楼梯]

（2）快捷命令：SPLT

命令功能：在如图 9－7 所示对话框中输入梯间参数，直接绘制两跑楼梯。

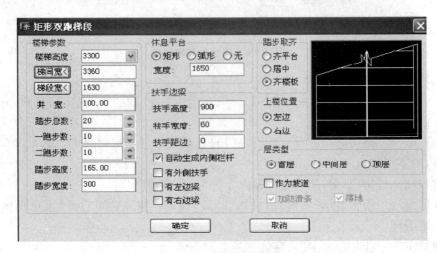

图 9－7　双跑楼梯对话框

控件：

梯间宽：双跑楼梯的总宽。

梯段宽：默认宽度或由总宽计算，余下二等分作梯段宽初值。

井宽：默认取 100 为井宽，修改梯间宽时，井宽不变，但梯段宽和井宽两个数值互相关联。

踏步总数：默认踏步总数 20，是双跑楼梯的关键参数。

一跑步数：以踏步总数推算一跑与二跑步数，总数为奇数时先增一跑步数。

二跑步数：二跑步数默认与一跑步数相同，两者都允许用户修改。

踏步高：用户可先输入大约的初始值，由楼梯高度与踏步数推算出最接近初值的设计值，推出的踏步高有均分的舍入误差。

启动生成楼梯扶手命令的方法如下：

（1）菜单位置：楼梯其他→添加扶手

（2）快捷命令：TJFS

命令功能：沿楼梯或 pline 路径生成扶手。

点取菜单命令后，命令行提示：

请选择梯段或作为路径的曲线（线/弧/圆/多段线）：选取梯段或已有曲线。

扶手宽度＜60＞：60　键入新值或回车接受默认值

扶手顶面高度＜900＞：键入新值或回车接受默认值

扶手距边＜0＞：键入新值或回车接受默认值

双击创建的扶手，可进入对话框进行扶手的编辑，如图 9－8 所示：

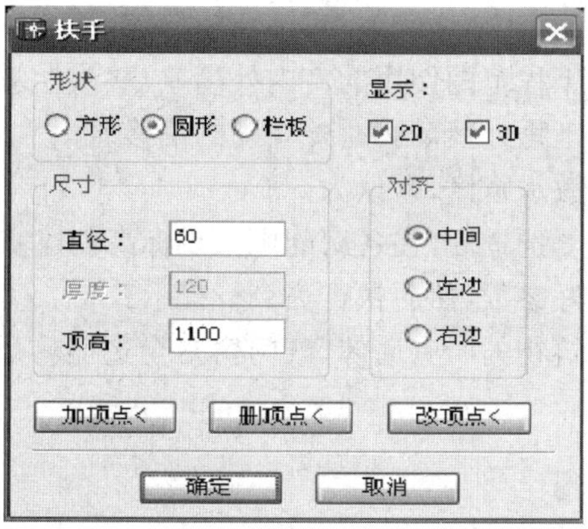

图 9－8　扶手编辑对话框

7. 台阶的绘制

启动绘制台阶命令的方法如下：

(1) 菜单位置:【楼梯其他】→【台阶】

(2) 快捷命令:TJ

本命令直接绘制矩形单面台阶、矩形三面台阶、阴角台阶、沿墙偏移等预定样式的台阶,或把预先绘制好的 PLINE 转成台阶、直接绘制平台创建台阶。如平台不能由本命令创建,应下降一个踏步高绘制下一级台阶作为平台。直台阶两侧需要单独补充 Line 线画出二维边界。

启动命令弹出"台阶"对话框,如图 9－9 所示:

图 9－9　台阶对话框

8. 散水的绘制

启动绘制散水命令的方法如下:

(1) 菜单位置:【楼梯其他】→【散水】

(2) 快捷命令:SH

散水命令的功能:通过自动搜索外墙线,绘制散水。

点取菜单命令后,显示如图 9－10 所示对话框:

图 9－10　散水参数对话框

控件说明：

【室内外高差】键入本工程范围使用的室内外高差,默认为450;

【偏移外墙皮】键入本工程外墙勒脚对外墙皮的偏移值;

【散水宽度】键入新的散水宽度,默认为600;

【创建高差平台】勾选复选框后,在各房间中按零标高创建室内地面。

在显示对话框中设置好参数,然后执行命令行提示：

请选择构成一完整建筑物的所有墙体(或门窗):全选墙体后按对话框要求生成散水与勒脚、室内地面。

9.1.3　绘制建筑立面图

建筑立面图即立面图,是平行于建筑房屋立面的投影图,用于体现建筑物外观、风格特征的二维图形。立面图可根据房屋的朝向分为南立面、北立面、东立面、西立面。通常把主要入口或反映房屋主要外貌特征的立面图称为"正立面";其他三个立面分别为"背立面"、"左立面"和"右立面"。另外,还可以根据立面图两端的定位轴编号来进行命名。

菜单位置:【立面】→【建筑立面】

快捷命令:JZLM

或采用楼层表中的【建筑立面】,即单击启动命令。

命令提示如下：

请输入立面方向{正立面[F]、背立面[B]、左立面[L]、右立面[R]}<退出>:按需要绘制的立面进行选择项,例如:F(正立面);

请选择要出现在立面上的轴线:选择立面上的轴线,回车。

显示如图9-11所示的"立面生成设置"对话框。

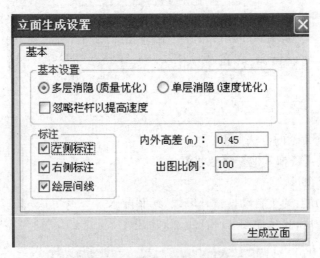

图9-11　立面生成设置对话框

单击"生成立面"按钮,系统自动生成建筑立面。

自动计算生成立面,并且自动完成"标高"的标注。

其他立面图形绘制方法同正立面图形。

9.1.4　绘制建筑剖面图

在创建剖面图之前,首先要在平面图中标注好剖切的符号,剖面剖切命令主要功能是在建筑图中标注剖面图的剖切符号。我们已在首层平面图上绘制好了剖切符号。

屏幕菜单:【剖面】→【建筑剖面】

快捷命令:JZPM

命令功能:生成建筑物剖面,事先确定当前图为首层平面图。

或直接采用楼层表中的【建筑剖面】,即单击直接启动命令。

命令提示如下:

请选择一剖面线:在"首层平面图"中选择剖面线;

请选择要出现在剖面图上的轴线:回车。则显示出如图 9 - 12 所示的"剖面生成设置"对话框。

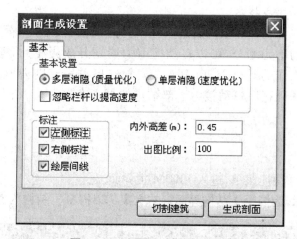

图 9 - 12　剖面生成设置对话框

设置完毕,单击"生成剖面"按钮,即可自动生成剖面图。

在绘制好的建筑平面、立面、剖面图中,对于一些不太规整的建筑布局,这时可以用 AutoCAD 来修改调整。

9.2　PKPM 结构软件

9.2.1　PKPM 结构软件简介

PKPM 是一个系列,除了集建筑、结构、设备(给排水、采暖、通风空调、电气)设计于一体的集成化 CAD 系统以外,PKPM 目前还有建筑概预算系列(钢筋计算、工程量计算、工程计价)、施工系列软件(投标系列、安全计算系列、施工技术系列)、施工企业信息化(目前全国很多特级资质的企业都在用 PKPM 的信息化系统)。PKPM 系列软件的特点有以下几点。

1. **数据共享**

PKPM 系列软件具有良好的兼容性,可以在建筑、结构、设备、概预算各专业间实现数据共享。建筑工程设计方案开始建立的建筑物整体公用数据库，以及平面布置、柱网轴线等全部数据都可以实现共享，这样就可以避免重复输入数据，减小工作量和误差。

此外，结构专业中各个设计模块之间也同样实现了数据共享，可以对各种结构模型的建立、荷载统计、上部结构内力分析、配筋计算、绘制施工图、基础计算程序接力运行进行信息共享，最大限度地利用数据资源，提高工作效率。

2. 独特的人机交互输入方式

PKPM 系列软件输入时采用鼠标或键盘在窗口上勾画建筑模型。软件由中文菜单指导用户操作，并提供了丰富的图形输入功能，用户可以通过单击右侧功能菜单、菜单栏、工具栏或直接在窗口底部的命令提示区输入命令完成操作。这种独特的人机交互输入方式避免了繁琐数据文件的填写，效率比传统的输入方法提高了十几倍。PKPM 系列软件都在同样的 CFG 支撑系统下工作，操作方法一致，只要会使用本系列中的一个软件，其他软件就很容易掌握。

3. 计算数据自动生成技术

PKPM 系列软件自动计算结构自重，自动传导恒、活荷载和风荷载，并且自动提取结构几何信息完成结构单元划分，可以自动把剪力墙划分成壳单元，使复杂的计算模式简单实用化。在这些工作的基础上，PKPM 系列软件自动完成内力分析、配筋计算等并生成各种计算数据。基础程序自动接力上部结构的平面布置信息及荷载数据，完成基础的设计计算。

9.2.2　主界面

点击桌面 PKPM 快捷菜单，进入 PKPM 主界面。

如图 9-13 所示，为混凝土结构界面。本文案例以混凝土结构为例。

图 9-13　混凝土结构界面

如图 9 - 14 所示，为钢结构界面。

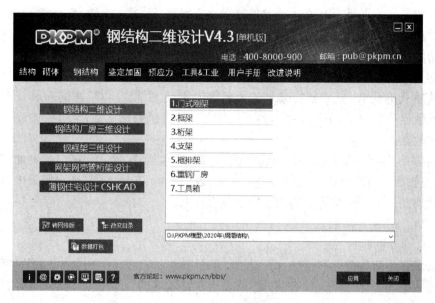

图 9 - 14　钢结构界面

如图 9 - 15 所示，为砌体结构界面。

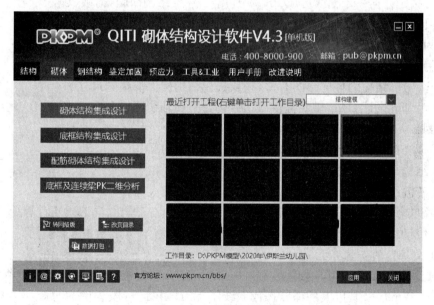

图 9 - 15　砌体结构界面

9.2.3　结构平面计算机辅助设计软件 PMCAD

1. 结构平面计算机辅助设计软件（PMCAD）

PMCAD 是整个结构 CAD 的核心，它建立的全楼结构模型是 PKPM 各二维、三维结构计算软件的前处理部分，也是梁、柱、剪力墙、楼板等施工图设计软件和基础 CAD 的必备接口软件。

PMCAD 也是建筑 CAD 与结构的必要接口。

用简便易学的人机交互方式输入各层平面布置及各层楼面的次梁、预制板、洞口、错层、挑檐等信息和外加荷载信息,在人机交互过程中提供随时中断、修改、拷贝复制、查询、继续操作等功能。

自动进行从楼板到次梁、次梁到承重梁的荷载传导并自动计算结构自重,自动计算人机交互方式输入的荷载,形成整栋建筑的荷载数据库,可由用户随时查询修改任何一部位数据。由此数据可自动给 PKPM 系列各结构计算软件提供数据文件,也可为连续次梁和楼板计算提供数据。

绘制各种类型结构的结构平面图和楼板配筋图,包括柱、梁、墙、洞口的平面布置、尺寸、偏轴,画出轴线及总尺寸线,画出预制板、次梁及楼板开洞布置,计算现浇楼板内力与配筋并画出板配筋图。画砖混结构圈梁构造柱节点大样图。

2. PMCAD 主要功能

(1)自动导算荷载。

具有较强的荷载统计和传导计算功能。除计算结构自重外,还自动完成从楼板到次梁,从次梁到主梁,从主梁到承重的柱和墙,再从上部结构传导到基础的全部计算,加上局部的外加荷载,方便建立起整栋建筑的数据。

(2)提供各类计算模型所需的数据。

① 可指定任何一个轴线形成 PK 数据文件,包括结构简图,荷载数据;

② 可指定任一层平面的任意一组主梁、次梁形成 PK 文件;

③ 为高层建筑结构三维分析软件 TAT 提供计算数据;

④ 为高层建筑结构空间有限元分析软件 SATWE 提供计算数据。

(3)为上部结构的各种绘图 CAD 模块提供结构构件的精确尺寸。

(4)为基础设计 CAD 模块提供底层结构布置和轴线网格布置,还提供上部结构传下的恒、活荷载。

(5)现浇钢筋混凝土楼板结构计算与配筋设计。

(6)结构平面施工图辅助设计。

(7)砖混结构圈梁布置,画砖混圈梁大样及构造柱大样图。

(8)砌体结构和底框上砖房结构的抗震计算,受压、高厚比、局部承压计算。

(9)统计结构工程量,以表格形式输出。

3. PKCAD 的安装环境

该软件与 PKPM 的其他模块装载在一张光盘上,其安装环境就是 PKPM 软件的安装环境,可在 Win98 及其以上的任意操作系统下运行。在运行该软件的时候,必须将加密锁插在计算机的 USB 接口上。

4. PMCAD 主菜单,如图 9 - 16 所示

图 9 - 16   PMCAD 主菜单

（1）轴线输入界面（可以参照天正建筑软件的轴线设置方式），如图 9-17 所示。

（2）网格生成界面，如图 9-18 所示。绘制好的轴网，如图 9-19 所示。

图 9-17   轴线输入界面

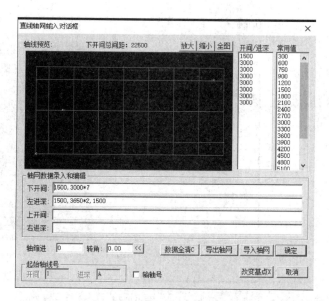

图 9-18   网格生成界面

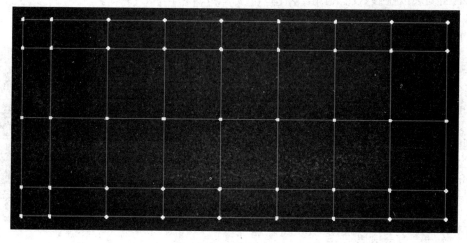

图 9-19   绘制好的轴网

(3) 楼层定义界面,如图 9-20 所示。

图 9-20 楼层定义界面

其中,柱截面列表以及参数设置如图 9-21、9-22 所示。

图 9-21 柱截面列表

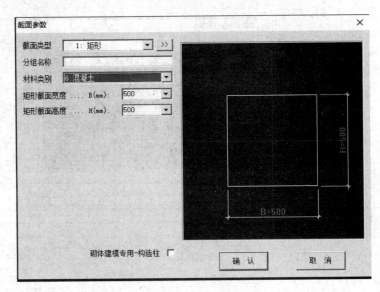

图 9-22 柱参数设置对话框

梁截面列表以及参数设置如图 9-23、9-24 所示。

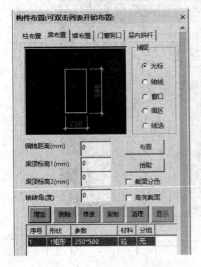

图 9-23 梁截面列表

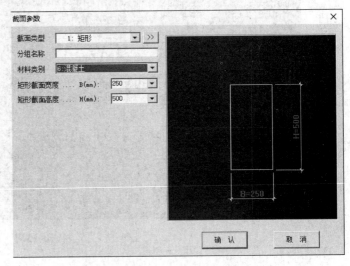

图 9-24 梁参数设置对话框

定义好的楼层如图 9-25 所示。

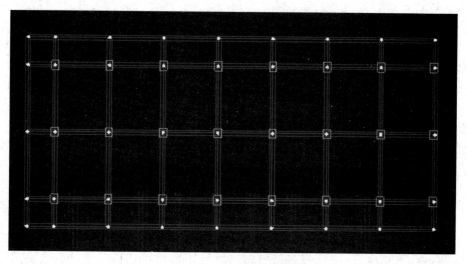

图 9-25 楼层定义结束图形

（4）荷载输入界面，如图 9-26 所示。

图 9-26 荷载输入界面

其中，层间复制拷贝窗口如图 9-27 所示，荷载定义窗口如图 9-28 所示。

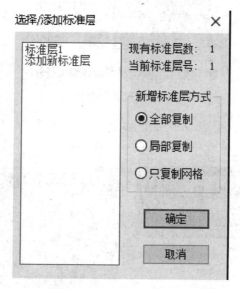

图 9-27 层间复制拷贝窗口

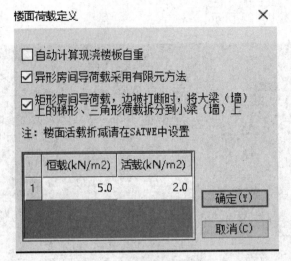

图 9‑28　荷载定义窗口

梁间荷载定义如图 9‑29 所示。

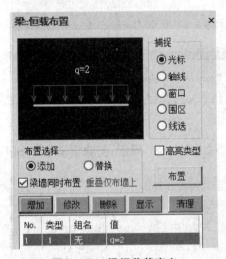

图 9‑29　梁间荷载定义

添加荷载类型，可以点击添加荷载类型，如图 9‑30 所示。

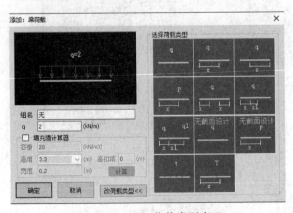

图 9‑30　添加荷载类型窗口

设计参数设置如图 9 - 31、9 - 32、9 - 33、9 - 34 所示。

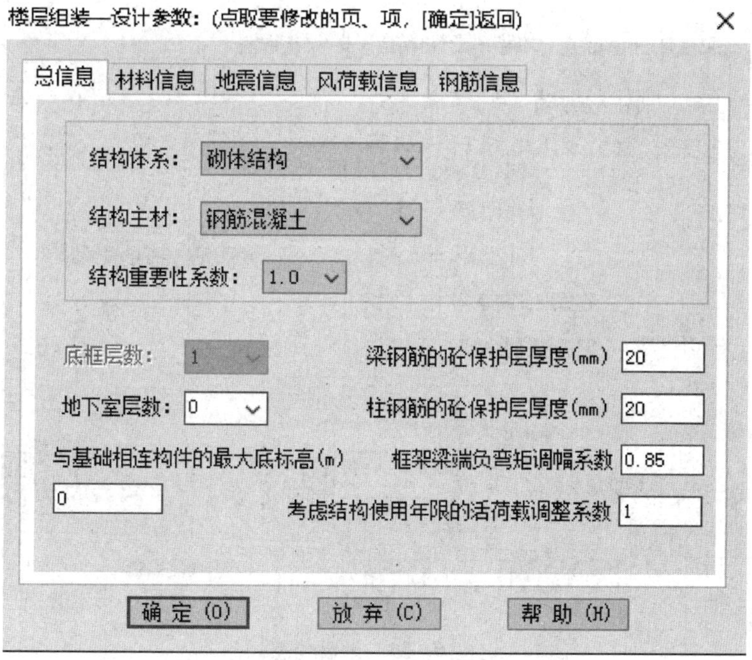

楼层组装—设计参数:(点取要修改的页、项,[确定]返回)　　　　✕

总信息　材料信息　地震信息　风荷载信息　钢筋信息

结构体系:　砌体结构

结构主材:　钢筋混凝土

结构重要性系数:　1.0

底框层数:　1　　　　　　梁钢筋的砼保护层厚度(mm)　20

地下室层数:　0　　　　　柱钢筋的砼保护层厚度(mm)　20

与基础相连构件的最大底标高(m)　框架梁端负弯矩调幅系数　0.85

0　　　　　　　　考虑结构使用年限的活荷载调整系数　1

确 定 (O)　　放 弃 (C)　　帮 助 (H)

图 9 - 31　总信息

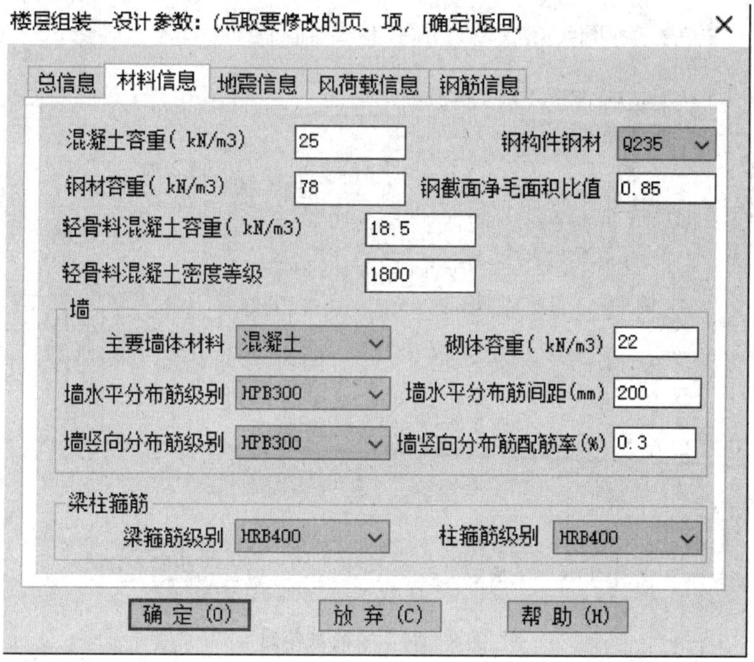

楼层组装—设计参数:(点取要修改的页、项,[确定]返回)　　　　✕

总信息　材料信息　地震信息　风荷载信息　钢筋信息

混凝土容重(kN/m3)　25　　　　钢构件钢材　Q235

钢材容重(kN/m3)　78　　　钢截面净毛面积比值　0.85

轻骨料混凝土容重(kN/m3)　18.5

轻骨料混凝土密度等级　1800

墙
　　主要墙体材料　混凝土　　　砌体容重(kN/m3)　22

墙水平分布筋级别　HPB300　　墙水平分布筋间距(mm)　200

墙竖向分布筋级别　HPB300　　墙竖向分布筋配筋率(%)　0.3

梁柱箍筋
　　梁箍筋级别　HRB400　　　柱箍筋级别　HRB400

确 定 (O)　　放 弃 (C)　　帮 助 (H)

图 9 - 32　材料信息

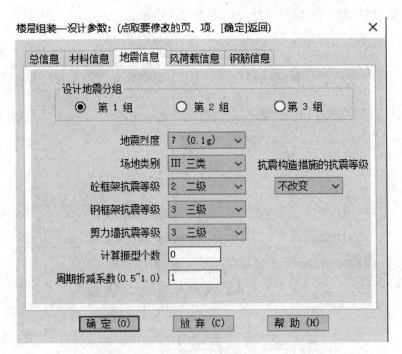

图 9-33 地震信息

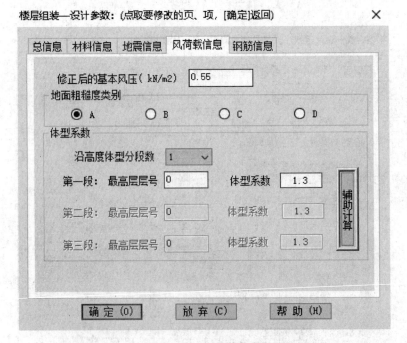

图 9-34 风荷载信息

（5）楼层组装界面，如图 9-35 所示。点击整楼组装，如图 9-36 所示。

图 9‑35 楼层组装界面

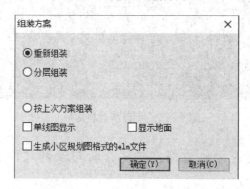

图 9‑36　整楼组装窗口

组装好的模型如图 9‑37 所示。

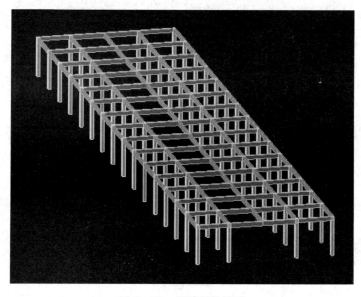

图 9‑37　组装好的模型

（6）退出界面，如图 9-38 所示，点击存盘退出。

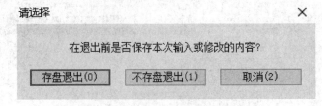

图 9-38　退出界面

（7）平面荷载校核显示如图 9-39 所示。

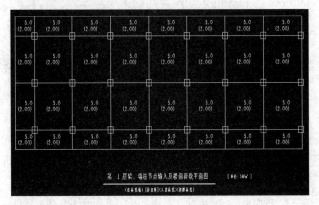

图 9-39　平面荷载校核显示

9.2.4　多层及高层建筑结构空间有限元分析与设计软件 SATWE

（1）SATWE 界面如图 9-40 所示。

图 9-40　SATWE 界面

点击进入，如图 9－41 所示界面。

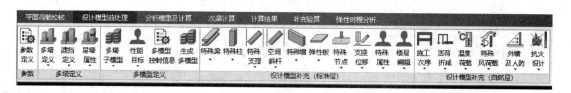

图 9－41　SATWE 处理窗口

执行分析与设计参数补充定义（必须执行）选项，具体参数设置，如图 9－42、9－43、9－44、9－45 所示。

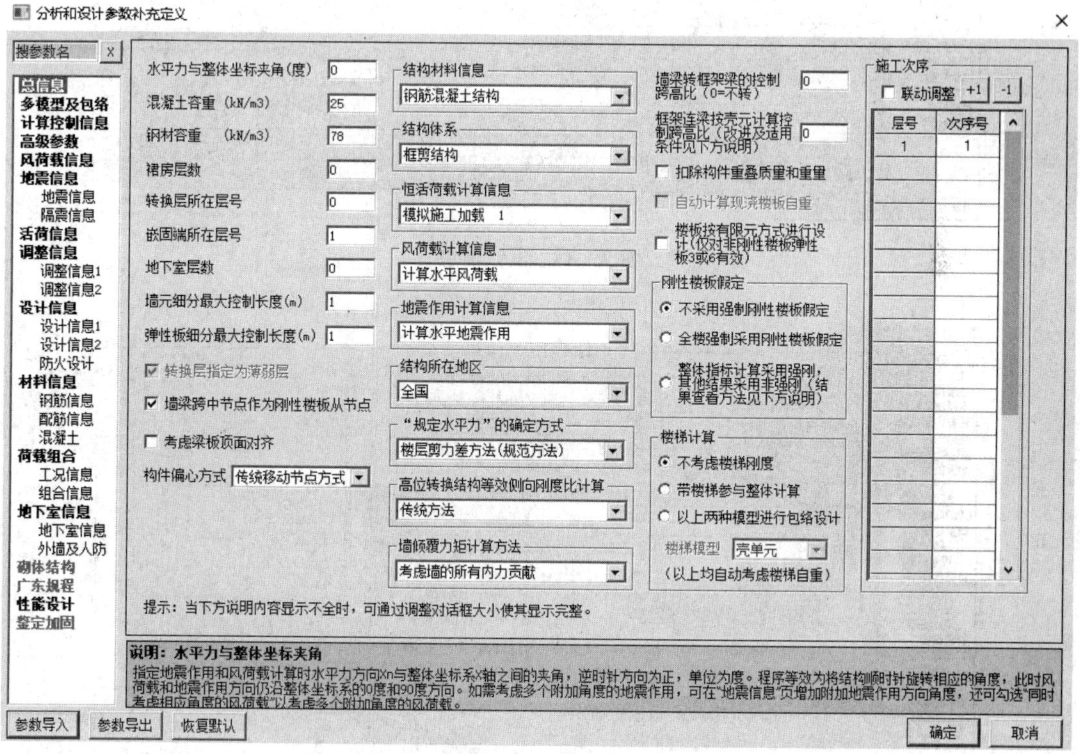

图 9－42　总信息

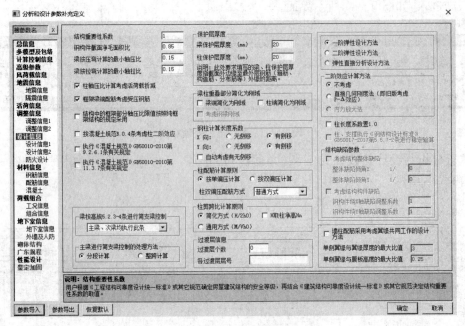

图 9–43　设计信息

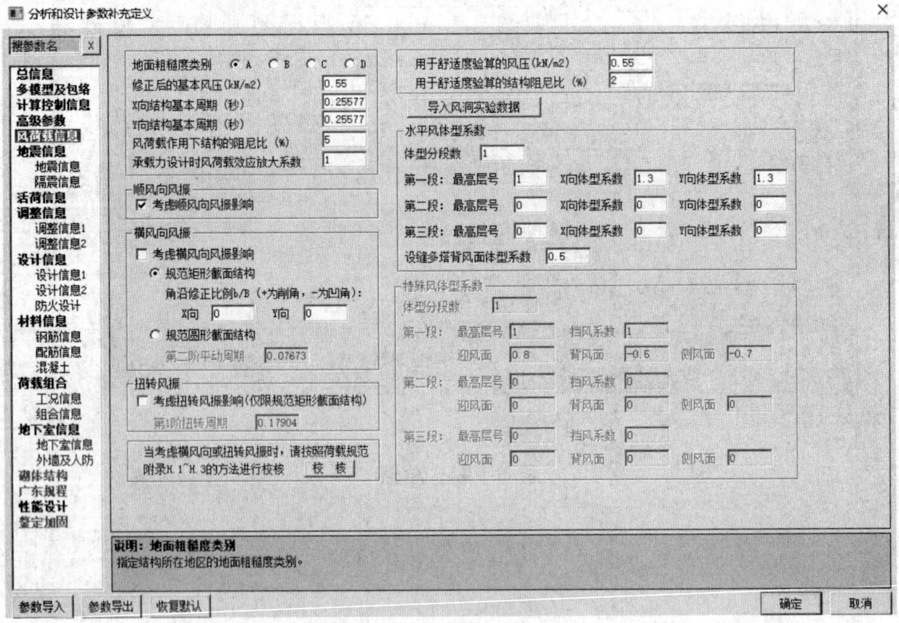

图 9–44　风荷载信息

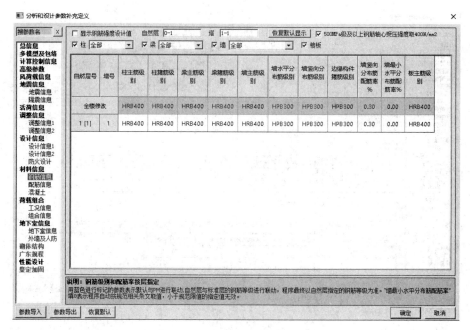

图 9－45　钢筋信息

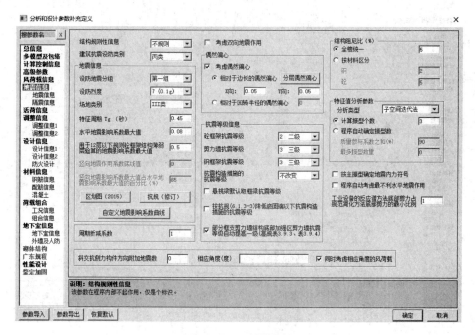

图 9－46　地震信息

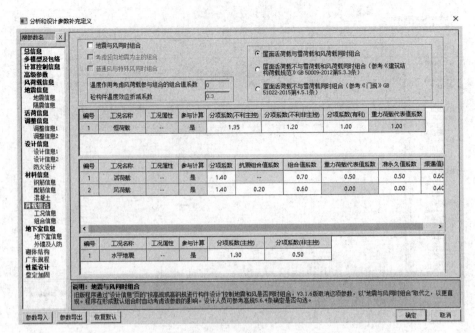

图 9-47 荷载组合

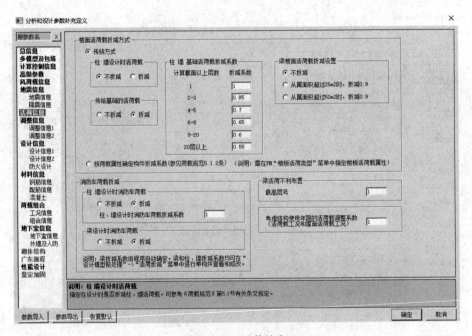

图 9-48 活载信息

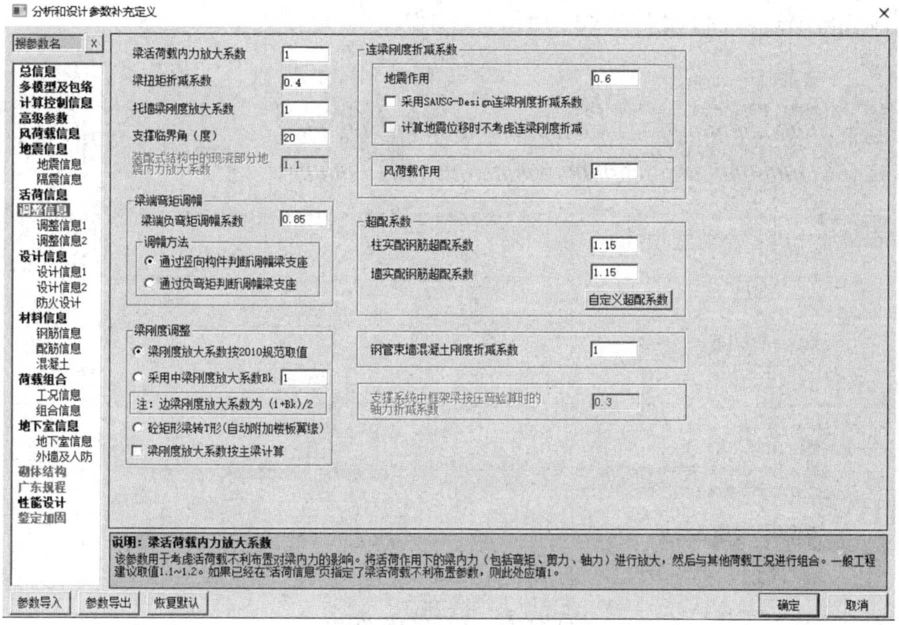

图 9 - 49　调整信息

执行如图 9 - 50 所示生成 SATWE 数据文件及数据检查（必须执行）选项。

图 9 - 50　生成 SATWE 数据文件及数据检查选项

出现界面如图 9 - 51 所示。

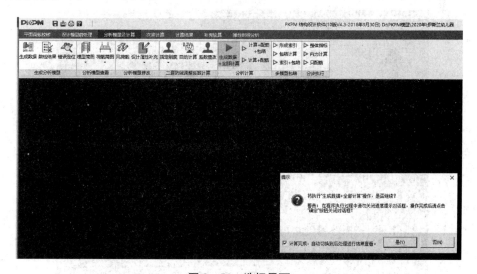

图 9 - 51　选择界面

点击确定,出现界面,如图 9‒52 所示,说明 PKPM 建模正常。

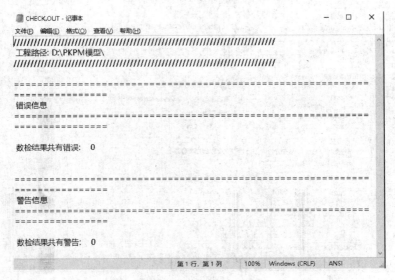

图 9‒52 验算结果界面

(2) 分析结果图形与文本显示,如图 9‒53 所示。

图 9‒53 分析结果显示界面

其中,各层配筋构件编号简图,如图 9‒54 所示。

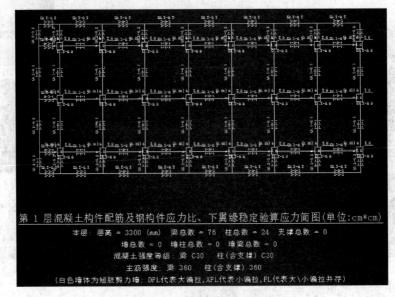

图 9‒54 配筋构件编号简图

9.2.5　墙梁柱施工图绘制

如图 9-55 所示，为梁结构施工图。PKPM 绘制好的梁结构平法施工图，一般不能直接出图使用，需要进行归并，并且需要转到 AutoCAD 进行修改和补充。

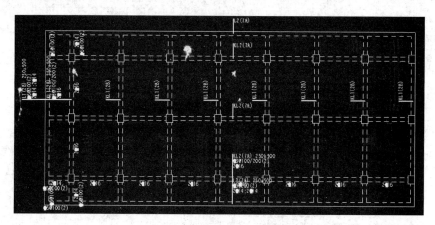

图 9-55　梁结构平法施工图

如图 9-56 所示，为柱结构施工图。PKPM 绘制好的柱结构平法施工图，需要进行归并，并且需要转到 AutoCAD 进行柱表的绘制。

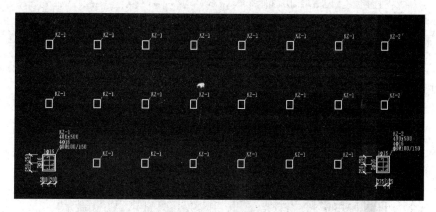

图 9-56　柱结构平法施工图

9.2.6　楼板施工图绘制

点击进入 PMCAD—画结构平面图，如图 9-57 所示。

图 9-57　画结构平面图界面

出现如图 9－58 所示的绘制楼板主菜单。

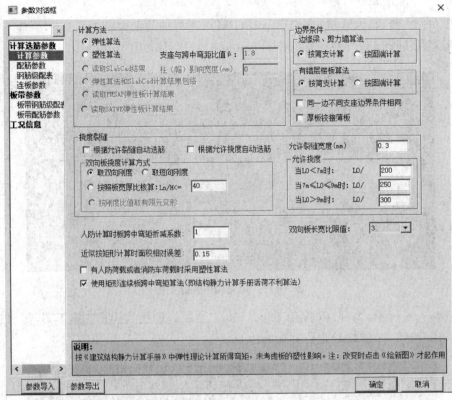

图 9－58　绘制楼板主菜单

可以对如图 9－59 所示图形进行楼板的配筋绘制。

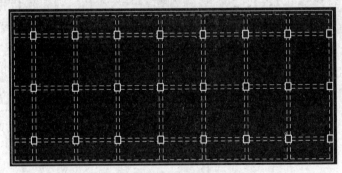

图 9－59　楼板配筋绘制界面

本教材对 PKPM 部分内容叙述。另外,如基础结构施工图,楼梯结构施工图,本教材不再叙述。

课后作业

· 以附件中的建筑施工图为参照,进行结构施工图的绘制。